ダムと堤防

治水・現場からの検証

竹林征三
Seizo TAKEBAYASHI

鹿島出版会

はじめに

　私は子供の頃、兵庫県と大阪府の境界を流れる神崎川の下流で育った。猪名川の派川の藻川で泳ぎだし、箕面渓谷の滝道は、昆虫採集で一番足を運んだ所だ。現在の神崎川の下流はコンクリートで固められた護岸で殺風景極まりない。
　大阪人の誇りとする景勝地である箕面渓谷の上流にも箕面川ダムが築造された。山道の路側擁壁が随所に渓谷にへばりつくような形で建設されている。何か痛々しい感じがする。「ダムはできればない方がよい」「コンクリートから人へ」のフレーズは心に響くところがある。どう見てもコンクリートは無粋な感じが拭えない。それにも増して、清流は何ものにも代え難い。清流の石から石へヒラヒラ飛ぶオハグロトンボのイメージが抜けない。清流を何とか、取り戻すことができないものだろうか。
　一昨年（平成 21 年）8 月末、「ダムによらない治水」「ダム中止」を謳う民主党が政権交代によって政権党となった。
　マスコミが、事あるごとに指摘しているように、ダム建設には次々と課題が出てくる。〇〇川の洪水対策の切り札だと言われているのに、洪水位は目に見えて下がっているという感じがしない。洪水調節効果が分かりにくい。確かに実感しにくい。少子高齢化の社会に移り、水需要も低迷しており、今後水需要が増加に転ずるという兆しもなさそうである。
　それにも増して、ダムの建設に費やす事業費はあまりにも巨額である。何よりも私達の給料や日常の生活感覚と桁が違っていて、そんなにかかるのか？　理解を超えている。それに政治家への献金や談合も報じられている。政治資金を集めるために、ダム建設を推進しているのかと考えてしまう。
　それに 50 年も経って完成していない。10 年一昔というが 50 年は大昔だ。完成まであまりにも時間がかかり過ぎている。世の中が変わってしまっている。もう既に必要性がなくなっているのではないか。
　環境問題の高まりの中、ダムは河川の流れを分断しており、サケ・マス・アユ等遡河魚の往来を阻害している。工事中の土砂の流出等は生態系・環境に悪影響を与えている。広い河原いっぱいに土砂で埋もれている砂防ダムを見るにつ

け、ダムも土砂の海への流送を分断しているではないか。白砂青松の美しい砂浜が痩せ細ってきたのはダムによる土砂の移動阻害が原因ではないか。いずれ、どのダムも堆砂で満杯となり、機能しなくなるのではないか。

ダムの寿命は100年も持たないのではないか。適切に維持管理すれば、1,000年以上も持つというが本当だろうか。

ダムに関しては、言われれば言われるほど、どうもスッキリしない。

一方、視点を変えもう少し長い目で歴史を振り返れば、戦時中、国土は荒廃し、戦後全国の河川で大水害が頻発していた。それらを克服し、社会活動の最も根幹となる、電力と水資源の安定供給を確保し、世界でも類い稀な戦後復興を支えてきたのはダムであるということも事実である。戦後進められた、河川改修としての堤防の整備、ダムによる洪水調節、水資源開発の結果、治水の安全度、利水の安全度も着実に上がってきたことは確かであるが、毎年全国各地で台風期・梅雨期には洪水災害の報道が跡（あと）をたたないというのも現実である。また、少雨現象が続けば全国各地で深刻な渇水騒動を繰り返している。

世界に目を転じると、20世紀は石油戦争の時代であったと言われている。列強が石油資源を確保するために、アフガン戦争やイラン戦争等が勃発した。そして、21世紀は水戦争の時代であると言われている。

急激な経済成長を続ける中国では、経済活動を支える水資源の確保が急務となり、世界最大級の三峡ダムやメコン上流部におけるダム群等の建設を精力的に進めている。それでも間に合わず、無秩序な取水によって引き起こされる黄河断流は深刻な状況に至っている。黄河の水を無秩序に取水した結果、渇水期には河口から数百kmにわたり、しばしば断流するようになった。1970年代は年間20日間程度であったが、1990年代になると年間100日間程度頻繁に断流するようになったという。環境問題とか何とか言っている問題ではない、川に水がなくなっている。もはや川でなくなっている。メコン川の上流域で中国はダムを築造して大量に取水し流域外に分水する結果、下流の国々では深刻な水不足が生じ、国際水戦争勃発寸前の状態となっている。その中国が水を目的に日本の山林を買収し始めたとマスコミに取り上げられるようになってきた。

シンガポールは、隣国のマレーシアから海峡をまたぐパイプラインで水供給を受けてきた。良好な関係でないマレーシアから、1998年にシンガポールへの水供給は停止するという威嚇圧力を受けたことや、21世紀に入って、水の価格を100倍に上げるという要求の対応にせまられ、シンガポール政府は根本的解決策として、日本の逆浸透膜を使った高度濾過技術を導入し下水を再生処理する「ニューウォーター計画」を進めることとなった。

はじめに

　我が国は食料自給率が40％（カロリーベース）であり、先進国は軒並み、これまでの苦い経験から自給率100％近くを確保する中、異例の低さである。食料の過半を輸入に頼っている。食料を輸入していることは、それを育てる過程で必要な水を間接的に輸入していることである。その間接的に輸入している水を仮想水（バーチャル・ウォーター）と呼んでいる。仮想水を通して、我が国も既に熾烈な世界水争奪戦争の中に組み込まれてしまっている。清潔で安全な水が飲めない人は、世界で実に11億人にのぼるという。食料自給率を100％まで上げることが望まれているが、そのためには、現在我が国の総水資源開発量とほぼ同量にあたる水資源を新たに確保しなければならない。

　田中康夫長野県元知事の脱ダム宣言以降、ダム反対世論は一挙に大きくなり、さらに政権交代で「コンクリートから人へ」の方針の下で「ダムによらない治水」が謳われ、八ッ場ダム建設の中止がシンボルとされた。全国の多くのダムが中止に追いやられ、また、わずかに残っている数少ないダムも政治主導でその命運に決着をつけようとしている。

　ものごとにはすべて建前と本音がある。名目と実質がある。事業を行うことによるプラス面とマイナス面がある。不易と流行の二面性がある。名目と流行に目が奪われ、実質と不易を見ようとしない世論の風潮に流され、目先の水需給や現実的でないダム建設を否定する治水論では、将来に大きな禍根を残すことになるのではないか。

　日本列島の自然条件が5つの宿命を背負っていること、そして日本の河川は世界に例を見ない天井川という災害に対して危険きわまりない状態にあること、洪水から国土を守る堤防は小手先細工では何ともならない代物であることをよく認識しなければならない。

　もっと良い治水の知恵はないものか。

　水利権という建前の水資源が確保されてはいるはずなのに、数年ごとに確実にやってくる渇水・水不足、ものづくりの国の日本の工場は、その都度大幅な操業短縮やタンカーによる緊急水輸入等のパニックの状況に陥っている。

　水資源確保のもっと良い知恵はないものであろうか。

　人間の病気に関しては、切り札として医術の進歩により手術という知恵を手に入れた。同じように、治水・利水の切り札として近代科学技術を駆使したダム築造の知恵を手に入れたはずのダムについては、数々の批判がある。

　「緑のダム」という素晴らしい方法があるではないか。ダムは堆砂で埋没してしまい、美しい白砂青松を台無しにした張本人ではないのか。ダムによる生態系破壊・環境破壊があるが、私共はきれいな水質の川・清流を取り戻したいと思う

が、どうしたらよいのだろうか。また、火力・原子力に頼っているエネルギー政策についても、水力発電が持つ究極のクリーン性やリスク管理の面を忘れてはいないだろうか。ダムについて決して忘れてはならない側面があまりにも多く、忘れられている。自然の営みも気になる。気候異変と地球温暖化がひしひしと押し寄せてきている。ダムの治水・利水効果はみるみる減少してきているのである。さらに地震を引き起こすプレートの動きも、活動期に突入したと言われている。

　以上、かけ足でダムに関する疑問を列挙してきたが、現在ダムをめぐる議論は全体として見ると、個々の課題についての徹底した議論、特に現場における経験、実態を踏まえた具体的な議論が行われていない。「緑のダム」や「コンクリートから人へ」などという情緒的議論が優勢のようである。マスコミも、具体的な議論の多くが地味で、商品価値を見出せないためか、ダム建設か否か？　と二項対立型での報道を中心とし、議論すべき課題を具体的に整理・報道する姿勢はない。

　著者の悩みはだんだん大きくなり尽きることはない。

　そのようなことで前著『ダムは本当に不要なのか』＜国家百年の計から見た真実＞と題する本を世に問うたが、前著で紙数の関係上簡単にしか触れることができなかったダムに代わる治水の堤防論や水利権に関する疑問の数々の点について改めて世に問いたい。

目　次

はじめに ……………………………………………………………………… *i*

1. 河川を国民の手に戻す ……………………………………………… *1*

1.1 「コンクリートダム」から「緑のダム」へ ……………………… *1*
1.2 「ダムによらない治水」………………………………………………… *2*

2. 日本の河川の特徴 …………………………………………………… *5*

2.1 急流で一瞬にして海へ流出 ……………………………………… *5*
2.2 日本列島砂山論 …………………………………………………… *5*
2.3 山地は大量の土砂の生産場 ……………………………………… *6*
2.4 通常時は清流で、洪水時に荒ぶる流れとなる ………………… *7*
　（1）　洪水時は荒ぶる流れ …………………………………………… *7*
　（2）　「木詰」地名考 ………………………………………………… *7*
2.5 河川は生きもの、洪水によって大幅に変化する ……………… *9*
　（1）　ミニグランドキャニオンに学ぶ …………………………… *9*
　（2）　河川はいきもの ……………………………………………… *10*

3. 洪水災害大国・日本——いっこうに減らない河川災害の現状 …… *11*

3.1 河川の氾濫原に都市の発展 ……………………………………… *11*
3.2 災害列島・6つの宿命 …………………………………………… *11*
　（1）　日本は急峻な島国である …………………………………… *11*
　（2）　日本は巨大地震大国である ………………………………… *11*
　（3）　日本は火山超大国である …………………………………… *12*
　（4）　日本は多雨大国である ……………………………………… *13*
　（5）　日本は多雪文明国である …………………………………… *13*
　（6）　日本は津波大国である ……………………………………… *14*

3.3　日本は災害大国 ……………………………………………… *14*
3.4　外水被害と内水被害 ………………………………………… *16*
　　（1）　外水と内水 …………………………………………… *16*
　　（2）　破堤・有堤部溢水回数（S60 〜 H11）………………… *17*
3.5　いっこうに減らない河川災害 ……………………………… *17*

4. 洪水から国土を守る治水の知恵 ……………………………… *19*

4.1　長い歴史の中で培われた治水の智恵――記録は破られる …… *19*
4.2　治水計画の知恵 ……………………………………………… *19*
　　（1）　百年の大計と当面の計画 …………………………… *19*
　　（2）　左右両岸と上下流の安全度のバランス …………… *20*
　　（3）　治水方式の歴史の流れ ……………………………… *20*

〔コラム〕島国の治水と大陸の治水――島国ではダム、大陸では河道・堤防 …… *22*

4.3　河川工学は経験工学 ………………………………………… *23*
　　（1）　洪水流量を推定することひとつなかなか難しい …… *23*
　　（2）　実際の洪水では、いろいろな現象が生じるものである …… *24*
　　（3）　200年確率洪水・極値確率の世界 ………………… *25*
　　（4）　コンピュータゲームの世界とエンジニアリングジャッジメントの世界 …… *27*

5. 切れない堤防の幻 ………………………………………………… *29*

5.1　なぜ堤防は高いのか ………………………………………… *29*
　　（1）　堤防・不思議な地形 ………………………………… *29*
　　（2）　不思議の百貨店・斐伊川 …………………………… *31*

〔コラム〕八岐大蛇退治伝説 ……………………………………… *35*

　　（3）　堤防の断面は築堤の歴史を語る …………………… *35*
　　（4）　破堤のたびに堤防強化（嵩上げ腹付け）を繰り返してきた …… *36*
　　（5）　堤防は高くすれば破堤時の災害は大きくなる …… *37*
　　（6）　堤防の嵩上げ禁止令 ………………………………… *37*

5.2　破堤するとどうなる …………………………………………………… 38
　（1）　もし利根川が決壊すれば――カスリーン台風決壊のシミュレーション … 38
　（2）　中央防災会議調査会報告（2010）によれば ………………………… 39
5.3　破堤箇所をどう締め切るのか ………………………………………… 39
　（1）　切れ所沼が語るメッセージ …………………………………………… 39
　（2）　決壊箇所はどこで締め切ればよいのか ……………………………… 42
　（3）　決壊口の締切り、壮烈ここに極まる総力戦 ………………………… 43
5.4　人は何故堤防を切るのか？ …………………………………………… 45
　（1）　かつて治水の基本は決河（堤を切る）にあり ……………………… 45
　（2）　浸水被害軽減のために堤防を切る …………………………………… 46
　（3）　各地に伝わる"態と切り" ……………………………………………… 47
　（4）　淀川大浸水のたびに"態と切り" ……………………………………… 49
　（5）　"態と切り"の必要性はこれからも続く ……………………………… 54
5.5　堤防は頑丈なものか、信頼できるのか ……………………………… 55
　（1）　堤防は揺れるとどうなる ……………………………………………… 55
　（2）　堤防は、どんどん急速に劣化していく ……………………………… 61
5.6　構造物としての堤防の安全性を検証（素人の知恵）………………… 63
　（1）　堤防・破堤のメカニズム三因 ………………………………………… 63
　（2）　堤防の素材の物性が分かれば堤体の安全性はコンピュータで検証できる … 63
　（3）　堤防にボーリングすることの意義を考える ………………………… 64
5.7　堤防の破堤のメカニズム・真因（玄人の眼識）……………………… 68
　（1）　堤防洪水時の性状 ……………………………………………………… 68
　（2）　「お百姓さんの観察力と洞察力に学ぶ」「川除口伝書」の伝言 …… 69
　（3）　堰堤の設計における揚圧力の発見 …………………………………… 70
　（4）　何故、堤防はHWLでかくも脆弱なのか …………………………… 71
5.8　危険水位と水防活動 …………………………………………………… 73
　（1）　破堤の危険性について ………………………………………………… 73
　（2）　堤防・「魔の30cm」（クリティカル・サーティ・センチ）………… 74
　（3）　洪水調節の効果―10数cmの水位低下の意味― …………………… 75
5.9　切れない堤防を追い求めて …………………………………………… 78
　（1）　「切れない堤（つつみ）」を追い求めて ……………………………… 78
　（2）　ヒューズ洪水吐の知恵 ………………………………………………… 79
　（3）　ハイブリッド堤（堤防に矢板シートパイルを打ち込む事）の愚か … 81
5.10　堤防か、ダムか？……………………………………………………… 82

（1）ダムは一点集中、堤防はゲリラ作戦 …………………………… 82
　　（2）堤防は、いつまでたっても完成しない …………………………… 84
　　（3）どちらが高くつくか ……………………………………………… 85
　5.11　先人の深い不易の知恵 ………………………………………………… 87
　　（1）「土堤の原則」は大宝律令からの歴史の実証を経て来た大変深い
　　　　　先人の知恵 ……………………………………………………… 87
　　（2）"つつみ"の語源由来から考える――"つつみ"とは土堤の原則の
　　　　　ことを意味している ……………………………………………… 87
　　（3）先人の堤防定規の知恵 …………………………………………… 89
　　（4）加藤清正の治水五訓 ……………………………………………… 89
　5.12　破堤の輪廻からの脱却 ………………………………………………… 92

6. 氾濫を許容する"まちづくり" …………………………………………… 95

　6.1　氾濫を許容するまちづくり ……………………………………………… 95
　6.2　総合治水の限界 ………………………………………………………… 96
　　（1）ダムによらない治水のメニューとして総合治水対策を挙げているが … 96
　6.3　どこに避難すればよいのか ……………………………………………… 97
　　（1）ゼロメートル地帯はどこへ避難すればよいか …………………… 97
　　（2）避難とは非常事態宣言 …………………………………………… 99
　　（3）ソフト対策としての避難について ………………………………… 99
　6.4　建築物の高床化 ………………………………………………………… 100
　6.5　建物のフローティング化 ………………………………………………… 101

7. 水資源開発の知恵 ……………………………………………………… 103

　7.1　水資源は大丈夫か ……………………………………………………… 103
　　（1）新聞報道に見る渇水 ……………………………………………… 103
　　（2）水資源に関する現状 ……………………………………………… 109
　7.2　水利権とダム問題 ……………………………………………………… 109
　　（1）水をめぐる争い …………………………………………………… 109
　　（2）水利権とは――水利秩序の礎 …………………………………… 110
　　（3）水利権の獲得――ダム建設と反対運動の間で ………………… 110
　　（4）暫定水利権の問題点 ……………………………………………… 111

（5）　水利権の再分配という無理難題 ………………………… *112*
　7.3　首都圏の水の現状を見る ……………………………………… *112*
　　（1）　間に合わぬ水源手当 ………………………………………… *112*
　　（2）　利根川の渇水 ………………………………………………… *112*
　　（3）　利水安全度の低下 …………………………………………… *115*
　　（4）　暫定水利権をめぐる暴論——利根川水系の安定取水と不安定取水の割合 … *116*
　　（5）　水利秩序の破壊は国家の無法化に等しい ………………… *117*
　　（6）　渇水対策としての八ッ場ダム ……………………………… *118*
　　（7）　お粗末な東京の水備蓄 ……………………………………… *119*
　　（8）　「備える」という意識の欠如 ……………………………… *119*
　　（9）　国家百年の計としてのダム建設 …………………………… *119*
　　（10）　利水基準地点栗橋の流量図 ………………………………… *120*
　　（11）　利根川水系 利根川上流8ダムの渇水時の効果 …………… *121*
　7.4　渇水からの教訓 ………………………………………………… *123*
　　（1）　雨乞いと人工降雨 …………………………………………… *123*
　　（2）　地下水取水は地盤沈下に直結——絶対に手をつけるべからず(教訓) … *123*
　　（3）　水利権表記を見直せ！ ……………………………………… *125*

8. ダムに関する数々の誤解と反省 …………………………… *127*

　8.1　緑のダムは幻 …………………………………………………… *127*
　　（1）　「緑のダム」構想の意図 …………………………………… *127*
　　（2）　「緑のダム」の検証 ………………………………………… *128*
　8.2　ダムの堆砂問題は深刻な環境破壊だ！ ……………………… *131*
　　（1）　ダムは堆砂、巨大な廃棄物となる ………………………… *131*
　　（2）　堆砂の現状——堆砂率が20％を超えるのは5水系のみ ……… *131*

〔コラム〕ダムが満砂し、巨大な廃棄物となる ……………………… *133*

　　（3）　ダムと白砂青松の砂浜 ……………………………………… *134*
　　（4）　ダムを撤去すれば白砂青松が戻るのか？ ………………… *136*
　　（5）　ダム報道に見る問題点 ……………………………………… *138*
　8.3　ダムと環境問題 ………………………………………………… *140*
　　（1）　朱鷺は害鳥？　視点を変えて見る ………………………… *140*

（2）　人工河川 ………………………………………………… *140*
　　（3）　天然アユ ………………………………………………… *142*
　　（4）　ダムと魚道 ……………………………………………… *143*
　　（5）　ダムと鳥類の調査 ……………………………………… *146*
　　（6）　ダムと自然公園 ………………………………………… *147*
　　（7）　絶滅危機に瀕する植物――日本の植物が危機に瀕する原因 …… *149*
8.4　ダムの治水・利水の効果 ……………………………………… *149*
　　（1）　貯金が多いほど、将来の不安はない ………………… *149*
　　（2）　ダムは治水容量分だけ間違いなく下流は安全 ……… *150*
　　（3）　ダムは利水容量分だけ間違いなく渇水に役立つ …… *151*
　　（4）　計画以上の治水効果を発揮 …………………………… *152*
　　（5）　国民と国土を守る ……………………………………… *153*
8.5　ダム事業と工期――50年経っても完成しない事業 ………… *154*
8.6　ダムは何故こうも金がかかる ………………………………… *155*
　　（1）　安もの買いの銭失い …………………………………… *155*
　　（2）　あと追い行政は莫大な事業費がかかる ……………… *156*
　　（3）　ダム高を下げる非常識――世界の常識・できるだけ高いダムを … *157*
8.7　ダム計画の大いなる反省 ……………………………………… *158*
　　（1）　貯水池効率を追い求めすぎた制限水位方式 ………… *158*
　　（2）　排砂ゲートの設置と運用 ……………………………… *158*
　　（3）　ダム総合リニューアル制度の導入 …………………… *159*
　　（4）　気候異変に伴う水利権量実質大幅目減りに対し、どのように利水
　　　　　安全度を確保するかの法制度化 ……………………… *159*
　　（5）　現在の改革について――竹林の法則 ………………… *160*

9. 大丈夫か日本の河川の水質 ……………………………… *163*

9.1　河川局が見落とした最重要課題 ……………………………… *163*
9.2　清流復活への熱き思い ………………………………………… *163*
9.3　清渓川の復元と日本橋川・神田川の清流復活 ……………… *167*
9.4　下水道整備と一括交付金――一括交付金化で河川水質は悪化の道
　　をたどる …………………………………………………………… *169*

目次 xi

10. 究極のクリーンエネルギーとしての水力発電 ……… *171*
- 10.1 ヒヤヒヤする綱渡りの連続・日本の電力事情 ……… *171*
- 10.2 エネルギー自給率4%の日本・これでよいのか──電力の安定的供給面からの水力発電再評価 ……… *174*
- 10.3 リスク管理面からの水力発電再評価 ……… *175*

11. 5つの気候異変と地球温暖化──日本の気象の激変を知る … *177*
- 11.1 降れば大雨、降らなければ小雨、降雨変動幅拡大 ……… *177*
- 11.2 全国平均の年降水量の経年変化、トータル雨量の減少化 ……… *178*
- 11.3 局所集中豪雨の頻発 ……… *178*
  - (1) 記録的集中豪雨のメッセージ ……… *178*
- 11.4 季節の区切の異変、台風期・梅雨期の異変 ……… *179*
- 11.5 台風襲来数の異変 ……… *180*
- 11.6 確実にやって来ている地球温暖化とヒートアイランド ……… *182*
- 11.7 気候異変にいかに備えるか ……… *183*

12. 天変地異・活動期に突入──日本の大地の現状を知る … *185*
- 12.1 巨大地震の活動期に突入 ……… *185*
- 12.2 "天変地異の世紀"と治山・治水 ……… *186*
  - (1) 気候異変と治山・治水 ……… *186*
  - (2) "なまず三兄弟"と地震に起因する山地崩壊 ……… *186*
  - (3) 天変地異の世紀に備える──温故知新から教訓が生まれる ……… *187*
- 12.3 日本滅亡を目論む列強の脅威と大自然の脅威 ……… *187*

13. 百家争鳴・ダム是非喧噪 ……… *189*
- 13.1 「ダムによらない治水」論──根拠なき八ッ場ダム不要論 ……… *189*
  - (1) ダムによらない治水・モバイルレビュー ……… *190*
- 13.2 「切れない堤防」論 ……… *190*
  - (1) ダムによらない治水対策 ……… *191*
- 13.3 「ダムは無駄」論 ……… *194*

（1）「時は金なり」時間軸の評価——最大の税金の無駄遣いは国家
　　　　百年の計を止めることにある ·· 194
　　（2）　八ッ場ダム中止こそが無駄遣いの極み ····························· 195
　　（3）　淀川流域委員会の8年の無駄 ·· 196
　13.4　ダム是非喧噪を乗り越えて ·· 199

14. 備えあれば憂い少なし ·· 201
　14.1　30年以内に生起する確率 ·· 201
　14.2　備えあれば憂い少なし ·· 202
　　（1）　死者多数の災害 ·· 202
　　（2）　マレ島を救った護岸 ··· 202
　14.3　河川治水整備・5段階論 ··· 203
　14.4　求められる風土工学の視座 ·· 205
　　（1）　水への欲求・5段階説と河川法 ·· 205
　　（2）　土木工事と手術のアナロジー ··· 207
　　（3）　自然環境と風土文化のアナロジー ···································· 207

おわりに——現場実務から見た真実 ·· 209

索　　引 ··· 213

1. 河川を国民の手に戻す

1.1 「コンクリートダム」から「緑のダム」へ

　私が「緑のダム」という言葉を知ったのはいつ頃か定かに覚えていないが、1990年代の初め頃ではないかと思う。当時、道路の掘削法面がコンクリートの吹付けで、見た眼の周辺との調和を考え緑色の塗料を混ぜて吹き付けられたことがあったので、一番最初のイメージではコンクリートの表面に緑色の塗料でも塗ったものを言うのかと思った。さらに、しからばアースダムの法面を芝や草で覆い緑色に見えるようにしたものを言っているのかと勘違いした。いずれにせよ「緑のダム」という情緒的な言葉は、具体的な実体の伴わない、なんとも落ち着きのない言葉であった。

　その後、森林のもつ洪水調節効果や水資源涵養効果について議論が尽くされた結果、ダムの持つ治水、利水機能と同様に「緑のダム」を計画論として位置付けることは無理があるということで決着しているものと思っていた。

　ところが2009年8月末の政権交代後、満を持して国土交通大臣に就任した前原大臣は、「八ッ場ダム中止宣言」「全ダム再検証」を宣言された。その理由はマニフェストに記したからだという。何故「ダムによらない治水」なのかを質問されると、野党時代に十分研究してきた結果であるという。その論拠は近いうちに説明すると言っていたが、いまだに説明がないまま大臣交代。しかし民主党が何年もかけて研究してきた結果が、今回の「ダムによらない治水」の基本的考え方であることは、私は不勉強であるが最近知った。

　2000年10月12日に民主党鳩山由紀夫代表より、五十嵐敬喜（法政大学教授、公共事業論）、天野礼子、宇井純、大熊孝、嶋津輝之ら計13人による「公共事業を国民の手に戻す委員会」に、公共事業の全般的かつ根源的な改革に関する諮問がなされた。委員会では河川行政とダムを取り上げ、以下のような主旨の答申が

なされている。今回、民主党政権の「ダムによらない治水」のマニフェストに記された内容そのものである。以下にその主要な点を列挙する。

- ダム計画の多くは過大な計画になっていて、完成に長期間を要する。そのため、社会資本整備が停滞し、さらには当該地域社会の将来性が見いだせないなど、社会的に大きな混乱と貧困を招いている。
- 役所の縦割を理由に総合的な河川行政、治水対策がなおざりにされてきた。
- 都市用水と農業用水の弾力的活用により、異常渇水に対応できる。
- 地下水を都市の足元の自己水源として見直し、活用する準備をしておく必要がある。
- ダムにおける堆砂問題は大きな課題で、20世紀最大の産業廃棄物となり、手の施しようのないまま放置されようとしている。
- 森から川、川から海へとつながる生命体としての川をバラバラに分断してきた。
- ダムが造り続けられてきたため、日本では海岸線がおおよそ100m以上も後退し、海の生物に深刻なダメージを与えている。
- 20世紀の河川行政はコンクリートのダム論であった。しかしその弊害はあまりにも大きく、過去の河川行政の誤りを反省し、河川行政の目標を「コンクリートダム」から「緑のダム」に切り替えなければならない。

以上のような論を展開した上で「緑のダム構想」(「緑のダム構想」については第8章で解説したい)を打ち上げて、その具体的政策として「我が国で現在計画されているダムをいったんすべて凍結する。計画中のダムおよび現在運用されているすべてを「見直し委員会」で再検討する。そこで治水・利水環境などの観点と共に、計画が社会的にも是認されるものか否かも審査する。見直し委員会は専門家と市民によって構成され、行政は加わらない。」としている。

以上、概要を見てきたことでお分かりのように、民主党のダム中止マニフェストは、この答申を下敷きにしている。

1.2 「ダムによらない治水」

ダム中止マニフェストの具体化の第一歩として取り組まれたのが、2009年12月に設置された中川博次(京都大学名誉教授)を委員長とする「ダムによらない治水」に関する委員会いわゆる有識者会議であり、その中間取りまとめが2010年7月に出されている。それには、ダムに代わる代替施設としてメニューが列記されている。

遊水池、放水路、河道掘削、引堤、堤防の嵩上げ（モバイルレビューを含む）、河道内の樹木の伐採、決壊しない堤防、決壊しづらい堤防、高規格堤防、排水機場、雨水貯留施設、雨水浸透施設、湧水機能を有する土地の保全、部分的に低い堤防の存置、霞堤の存置、輪中堤、二線堤、樹林帯等、宅地の嵩上げ、ピロティー建築等、土地利用規制、水田等の保全、森林の保全、洪水の予測、情報の提供等、水害保険等の計24のダム以外の治水メニューが挙げられている。

これのうち、「モバイルレビュー」「決壊しない堤防」「決壊しづらい堤防」以外のメニューは、これまでの河川行政で積極的に推進されてきた総合治水政策のメニューばかりである。この中間取りまとめでは「緑のダム」（森林の保全）について、他の施策と比較して大きな役割が期待されている様子はない。

一方、俄然元気が出てきたのが「切れない堤防」論である。この論議は8年間淀川水系のすべてのダムを中止させて、巨額の国費を使って行われた淀川流域委員会の論議そのものである。その時に論議された主要な項目は、

・ダムによる治水効果は基準点で10数cmしか洪水を低下させない。ダムによる治水効果はほとんどない。
・越水すれども破堤しない堤防がある。ダムを止めて切れない堤防を造るべきだ。ハイブリッド堤防や堤防覆工等堤防強化策が考えられる。
・治水計画の目標を、ダムを必要としない程度で抑えるべきである。それ以上は避難策等を考えるべきだ。

以上「緑のダム論」から「切れない堤防論」等、昨今の「ダムによらない治水」論争はまるで百家争鳴の喧噪の渦中である。

淀川流域委員会の8年以上にわたる空転で国費である多額の税金と時間が費やされたが、治水の安全度は止まったままでいっこうに上がっていない。今や、淀川流域だけでなく、全国の河川行政が「ダムによらない治水」論争に巻き込まれ、「ダム中止の方針は変わらないが、予断を持たない検証」を実施するという掛け声の下、全国のダム事業が検証のための多額な税金とかけがえのない時間を浪費させられている。

世界状勢を見ると、どこかで戦火があり、とだえている時がない。しかし、日本は普天間基地移転問題等国際問題はなかなか進展しない。同盟国の米国から見れば、平和ボケしていると見られているのではないか。東日本大震災で余力のない時、今が好機とばかり、ロシアは北方四島、中国は尖閣諸島、韓国は竹島に支配を固めようとしている。日本は世界に希有な災害の宿命を背負った国土の上に成立している。その中でも河川災害がその中核をなす災害である。気候異変が着実に進んでいる。記録的な豪雨や、少雨がいつ襲ってきてもおかしくはない。そ

のような中、「ダムによらない治水」という見直しで、治水事業はなかなか進まない。ダムによらない治水論の論点をひとつひとつ検証してみたい。

2. 日本の河川の特徴

2.1 急流で一瞬にして海へ流出

　日本の河川は、豊平低渇の流量の変動が極めて大きい（豊水流量：1年を通じて95日はこれを下らない流量、平水流量：1年を通じて185日はこれを下らない流量、低水流量：1年を通じて275日はこれを下らない流量、渇水流量：1年を通じて355日はこれを下らない流量のこと。「豊平低渇」はそれらの略）。
　また、陸にあれば淡水、海へ流出すれば海水となり、その境界淡塩混合の汽水域は、豊かな生態系を育む大変大切な空間である。河川水である淡水は、豊かな水資源として人類の生命を育む"命の水"であるが、いったん海水となれば人類にとっては水資源としての利用価値が一挙に低下する。

2.2 日本列島砂山論

　日本の国土の基盤を形成している地質は、極めて細かく分かれ、断層などによって切り刻まれている。地質の単元は極めて小さい。日本列島37万 km² の地質図を見ると、その成因の全く異なる地質が細かく粉々に分かれているのが分かる。地質の単元が無茶苦茶に細かく、世界の中でも際立って細かいのである。これは、巨大プレートの境界に位置し、活火山、巨大地震の巣に位置していることに起因している。
　私が付き合いのある尊敬する地質学者の一人に、活断層研究の草創者・藤田和夫先生がいる。藤田先生は、「日本列島砂山論」を唱え、日本列島の地形地質の特徴として、以下の3点を挙げている。
　その1つ目は、かつての地震等による地殻変動の傷跡である断層だらけの地形で構成されていること。また、一層が極めて小さく火山活動が何層にも折り重

なった形で形成されている。

その2つ目は、高温多湿地帯が作った深層風化の花崗岩地帯であること。

その3つ目は、毎年、cmのオーダーで隆起し、それに見合うだけ侵食を繰り返して、大変な土砂生産量を誇る中部山岳地帯があることである。

日本列島とは、脆弱で崩れやすい砂山のようなものだという名言を残しておられる。

2.3　山地は大量の土砂の生産場

日本の山地は土砂生産量が極めて大きい。細長い島国で2～3千m級の背梁山脈が真中に走り、極めて急峻な地形の上、巨大なプレートがせめぎあっている位置であり、隆起量も大きく、火山の活動は世界平均の約30倍。巨大地震の活動は世界平均の約80倍であり、地質は細かく分かれ断層だらけで、まして、活動度の高い断層も極めて多くある。そこに台風期や梅雨期等にまとまった豪雨がある。日本の河川は山地で生産された土砂を海まで流す、土砂輸送の道ということができる。河川とは、流域に降った雨を集めて海へ流す水の輸送路のみでなく、土砂の輸送路であると考える必要がある。

日本の山地の中で比較的安定した山塊である花崗岩地帯は深層風化していて、実に多量の土砂を発生させる。これが日本の河川の流送土砂量の大きい要因のひとつとなっている。花崗岩は深成岩で地下深部のマグマがじっくり長時間をかけて冷却した岩であり、一番安定した大きな地塊のように一見思われるが、日本における花崗岩は相当様相が異なる。日本においては、花崗岩の大きな地塊も巨大プレートの活動に伴う応力場の影響を受け、断層だらけになっている。さらに気候条件が夏の高温から厳寒の低温の温度差が大きいので、岩自体も膨張収縮を繰り返すこととなる。

花崗岩は、じっくり時間をかけて冷却してできた関係で、花崗岩の造岩鉱物である石英、長石、雲母がそれぞれ既に大きな結晶になっていて、それらの集結、結合したものである。長石の線膨張係数は石英の約3～4倍、雲母は石英の約6～10倍である。これらの3つの大きく異なる線膨張係数を持つ造岩鉱物が気温変動に応じて伸び縮みを繰り返すと、花崗岩はバラバラになってしまう。さらに、断層亀裂に沿って入った地下水が氷点下以下で凍り、膨張し、融けるということを繰り返すと、バラバラになり、深層風化が進む。

このように、日本の花崗岩は深層風化が極めて進んでいる。また、日本は台風期や梅雨期に豪雨が集中する。これらの豪雨が誘因となって、土砂崩壊による土

砂生産のプロセスに移っていく。このような遠因により、日本の河川は大量の土砂の流送路となっていく。

2.4 通常時は清流で、洪水時に荒ぶる流れとなる

(1) 洪水時は荒ぶる流れ

日本の河川は、洪水時になると河川にもよるが水7分に砂・泥3分の濁流となって荒れ狂う。荒ぶる大洪水は、人間社会を破壊する大きなポテンシャルを秘めている。河川は水を流す水路のみでなく、陸地の凸地形を長い時をかけて削り、その発生した土砂を劫（長い長い）の時をかけて山地から海へ流送する土砂輸送路でもある。

(2) 「木詰」地名考

旧夕張川が千歳川に合流する現在の地点に、「木詰（きづまり）」という地名がある。かつては旧夕張川が大きく蛇行していた所である。現在は捷水路によりショートカットされ、直線状になっている（**図 2-1**）。

【大正6年】

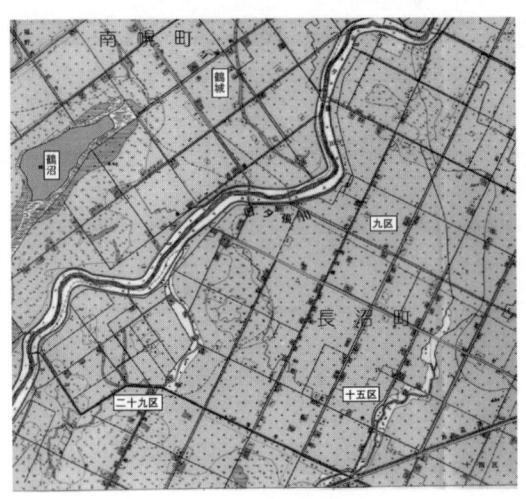

【昭和52年】（旧河道が鮮明である）
図2-1　旧夕張川（木詰周辺）治水地形分類図

　「木詰」とは、かつてこの地点で上流からの流木が蛇行部で詰まって、何度も破堤した所である。豪雨があれば破堤を繰り返してきた所である。千歳川と夕張川の合流地点は、昔は夕張潟という大きな沼になっていた。ここから夕張川を約1.5km上流に遡った所は、大小様々な分流が屈曲し、増水のたびに上流から流されてきた土砂や樹木が詰まり、石狩川からの逆流も重なって盛り上がり、身の毛もよだつ異様さであったという。

　松浦武四郎は『夕張日誌』に、「流木が積み重なって舟の遡上し難し」「聞きしに勝る怪奇現象」と書き留めている。アイヌの人々も、この地をラプシトウ（ゴミが沢山集まっている所）と呼んでいたことより、「木詰」地名が生まれた。

　この「木詰」地名が語るように、河川というものは、水だけが流れる所ではない。洪水時には、多量の流木を浮かせながら流れてくる。これらの流木が橋梁の桁や水門、樋管、水位標、量水計等各種河川構造物に激突し、想像もつかない被害を及ぼすことがある。このような流木等の激突のほか、波浪による越水に対するため、河川堤防は余裕高が設定されている。余裕高は決して洪水が流過する河積ではない。

　また、この地点の堤防はバンザイ堤と言われてきた。左岸か右岸かどちらかが決壊すれば、破堤口から洪水が一挙に流出するため、洪水位が一挙に低下する。したがって、どこかが破堤すれば、対岸の住民は堤防上で破堤を免れたことを喜び、バンザイをしたということである。堤防というものは、どこが切れるか分か

らないものである。どこかが破堤すれば、途端に破堤口から一挙に洪水が流出し、洪水位が下がり、他の場所は安全になるということである。

「木詰」地名には、壮大な治水物語が伝えられている。

南幌町と長沼町の境界に、旧夕張川が流れている。この地は、かつて太平洋と日本海の海が繋がっていた所であり、その後、支笏火山の噴火で陸地になった所である。この地は低湿地で、無数の湿沼が点在し、河川は気の向くまま暴れ放題であった。この人を寄せつけない大自然の低湿地に入植し、開拓に挑戦したのが東北伊達藩・角田城主の石川邦光である。邦光は故郷・阿武隈川の川奉行の配下であった手塚桂に入植地の最果ての木詰に住居を与え、暴れる夕張川を綿密に調べ上げた。明治28年、邦光は手塚を現場監督として、自分の開拓資金で木詰の夕張川に横たわる土砂、倒・流木の除去、河床の浚渫、川幅の拡幅に着手した。

明治31年9月、歴史に残る夕張川の大洪水で、木詰の新水路も埋没してしまった。手塚は、この大水害を教訓として、屈曲部の直線水路設計を提唱した。鶴城に入植していた福井県人・広田甚太郎が資金を提供した。広田は、手塚の設計書を携え、北海道庁の杉田長官に現地調査を要請し、異例の速さで長官の木詰視察が行われ、直線切替流路約2.75kmの工事費91,300円の予算がつき、広田の拠出金に上積みされて工事が行われた。

しかし水害の宿命の地「木詰」は、その後も繰り返し襲来する洪水の連続で、次第に荒廃の色を濃くしていった。手塚桂の長男・手塚衛守は、この打開策を立案し、村役場へ提出し、関係機関へ働きかけるよう要請した。しかし、あまりに見事な建議書で、ポイントを鋭く突いた趣意書文は、過激と誤解され、村当局は一切を反古にしてしまった。手塚は失意の中で、憤怒の川・夕張川と木詰を去った。しかしその後、手塚の建議書は、石狩川治水の先賢・保原元二（石狩川治水事業所長）の目に留まり、夕張川治水計画に活かされ、世紀に残る新夕張川捷水路が誕生することとなった。

木詰は、かつて南幌町であったが、流路新設・分断により、紆余曲折の末、現在は長沼町となっている。

2.5　河川は生きもの、洪水によって大幅に変化する

(1)　ミニグランドキャニオンに学ぶ

河川は生き物、洪水ごとに河底変動を繰り返している。昭和57年8月3日の一夜の豪雨洪水にしてできた釜無川の延長約1.8kmにわたるミニグランドキャニオン（深さ7m〜15m、幅数m〜30mの峡谷）が出現した事例でも分かるよ

うにドラマティックに変動してやまないものである（**写真2-1**）。

写真2-1　一夜で出現したミニグランドキャニオン

（2）　河川はいきもの

　河川断面空間は、洪水の流水のみが流れる所ではない。洪水時には、信じられないほどに大きな岩石が流れてくるし、流木や上流で崩壊して流失してきた家屋の残骸や、時には車や冷蔵庫等、多種多様なものが流水に浮遊して流されてくる。流木等が、橋桁や堤防天端、各種河川構造物に激突して損傷を与える。このため、余裕高（2m程度、河川による）が必要不可欠なものとなる。

　また、洪水は流水だけでなく、大量の土砂を流送してくる。大量の土砂のうち、微粒分は懸濁状態（液体中に個体の微粒子が分散した状態）で流送されてくる。一方、粒の大きい砂礫は掃流砂として河底を滑動ないし、動転しながら流送されてくる。これらの土砂は、洪水流速が小さくなった所で流送力をなくしてしまい、その所に堆積することとなる。河床そのものが変化する。

　広い河川の低水路や高水敷は、一様な断面ではなく起伏に富んでいる。ある洪水の過程の中で、ある所は深掘れが生じる所もできる。一方、ある所は堆積が進んだり、また橋脚の周りなどは、洪水がピークに至る過程ではどんどん深掘れが進展する。また、ピークを越えて減水する過程では、深掘れした所にどんどん堆積していく。河川の横断面形は、洪水前と洪水のピーク時および洪水の去った後で、全く違ったものになる。

3.
洪水災害大国・日本
——いっこうに減らない河川災害の現状

3.1 河川の氾濫原に都市の発展

　古代においては、河川の氾濫原は居住空間としては避けられていた。しかし、河川の氾濫原しか平地がなく、また人々は、河川を物を運ぶ舟運に活用できることに気づき始める。肥料を運んできてくれる舟運により、氾濫原は田畑として極めて有効な土地となるのである。

　そして人々は、沿川の自然堤防の微高地に恐る恐る居を構え出した。田畑への水を得やすくなると同時に、それ以来、河川災害の宿命の歴史が始まった。都市の発展と裏返しに、災害の宿命を引き受けざるを得なかったのである。洪水時の河川水位より低い沖積平野は、国土の10%である。そこに人口の51%が住み、75%の資産が集中している。

3.2 災害列島・6つの宿命

(1) 日本は急峻な島国である

　日本の国土の70%以上は山地であり傾斜地である。人の居住と活動に適さない土地であり、かつ、これらの傾斜地は地震や降雨による土砂くずれなどによって、いずれ崩壊するポテンシャル（これは宿命とも、ある意味で遺伝子とも言える）を秘蔵している。

(2) 日本は巨大地震大国である

　日本列島はユーラシアプレートと北米プレートの縁に鎮座し、その下にフィリピン海プレートと太平洋プレートが交差しながらもぐり込んでいる。それぞれのプレートは別個に滑動しているため、境界で歪みが蓄積し、亀裂へと発達する。

20世紀（1901～1999年）におけるマグニチュード8.0以上の巨大地震は、世界で計51回、そのうち日本には計10回起きている。また、マグニチュード6.0以上の地震でみると、世界で計945回、そのうち日本には計210回起きている。世界の約0.26％の国土面積の国で、全地球の約20％の地震エネルギーが放出されている（**図3-1**）。

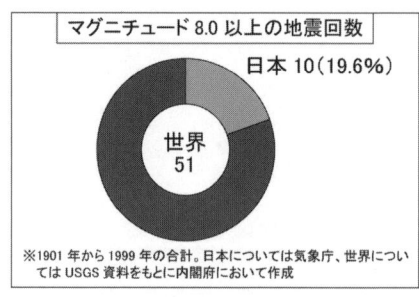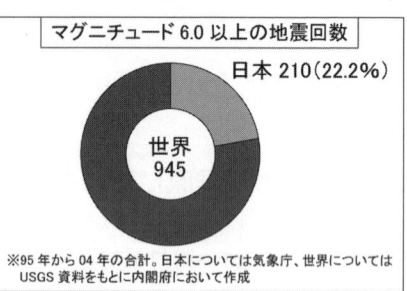

図3-1　マグニチュード6.0および8.0以上の地震回数

（3）　日本は火山超大国である

　日本列島はユーラシア大陸の東縁に連なる弧状の活火山列島である。世界には約1,500の活火山があり、そのほとんどが環太平洋地帯に分布しているのに対し、日本の活火山数は108である。約0.26％の国土面積の日本で、全地球の約7％の火山エネルギーが放出されている（**図3-2**）。

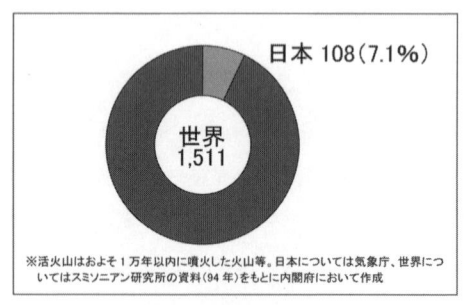

図3-2　世界の活火山数

　要約すると、世界の国土の約0.26％しかない狭い国土の日本に、世界の約7％の活火山が集中しており、世界の約20％のマグニチュード8以上の巨大地震が

生起しているということである。日本の国土は世界の平均の約30倍の火山災害、そして世界の平均の約80倍の地震災害を受ける宿命を背負っている（**図 3-3**）。

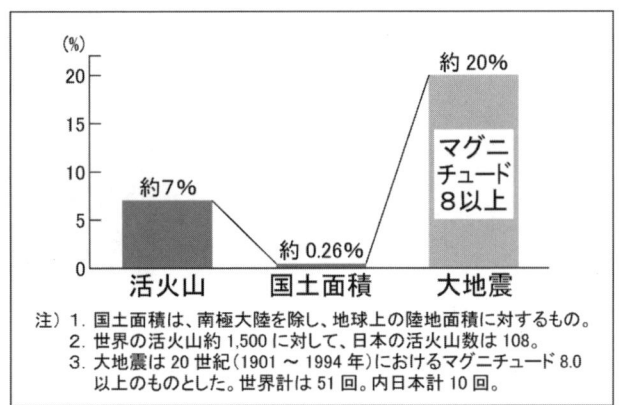

図 3-3　日本国土と活火山・大地震

（4）　日本は多雨大国である

　日本列島の周囲の海洋から、雨滴に必要な水蒸気の供給は無限にある。水蒸気を雨滴に変容するために必要な気流の通路は、海洋に面して連なる背梁山脈の急斜面が努める。さらに台風が列島を縦走するのを、列島上空に存在するジェット気流が手助けする。日本列島はまさに巨大な豪雨発生装置なのである。

　日本は先進各国と比較しても、極めて多雨である。年間降水量は世界平均が973mm であるのに対し、日本は 1,714mm である。それも、台風や梅雨などに集中し、雨の降り方の変動が大きい。

（5）　日本は多雪文明国である

　日本は国土の 52％が豪雪地帯である。積雪 50cm 以上の地域の人口密度は、カナダが 2 人/km^2、ノルウェーが 12 人/km^2 に対し、日本は 107 人/km^2 と極めて高い。

　日本列島の 6 つの宿命のひとつに、積雪による被害額が多いことが挙げられる。世界の文明国のうち、緯度が高く積雪量の多いカナダやノルウェーと比較してみる。積雪 50cm 以上の地域における人口密度を比較すれば、約 8 倍から約 50 倍ということである。つまり、日本は大変な積雪災害の宿命を背負っている国ということである（**図 3-4**）。

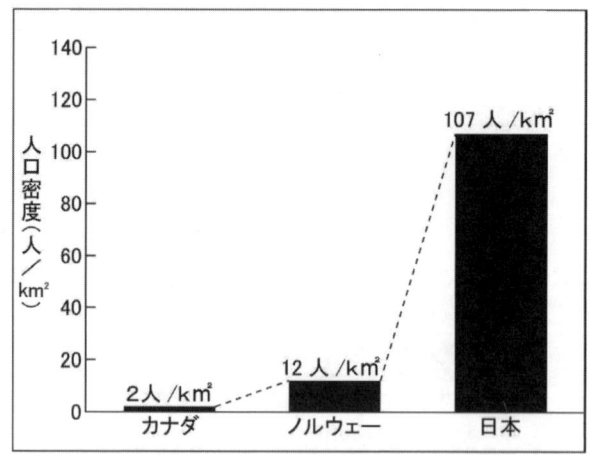

図3-4　積雪50cm以上の地域の人口密度

（6）　日本は津波大国である

　日本は島国であること、また入り組んだ複雑な海岸地形を持つことから、日本の海岸線の長さは34,850kmで赤道一周の長さの85％、世界第6位（面積は第61位）である。諸外国と比較しても、日本は国土面積当たりの海岸線延長は世界第3位で、米国の40倍弱、韓国の3倍強、英国の約1.5倍等となっている。

　湾の入り口が広くて深い、湾の奥は狭くて浅くなり、津波が奥へ行けば増幅されるリアス式地形の所が各地に多くある。さらに、太平洋側の海底は巨大プレートの衝突による巨大地震の巣となっている。このため、日本は世界で一、二の津波災害の宿命を負っている国土と言える。日本語のTSUNAMIが国際語となった。津波は河口から河川に侵入し、時により数十km上流まで遡上し、河川災害を引き起こすことにもなる。日本は津波大国なのである。

3.3　日本は災害大国

　日本の災害に対する脆弱性の宿命は、昔も今も変わっていない。近年、氾濫域の都市化に伴い、氾濫域へ社会資産が集中・増加している。気候異変による豪雨現象が増加し、自然災害被害額は増えていっている。

　図3-5は、世界の自然災害による被害額の要因別に分類されたものである。

3. 洪水災害大国・日本——いっこうに減らない河川災害の現状　*15*

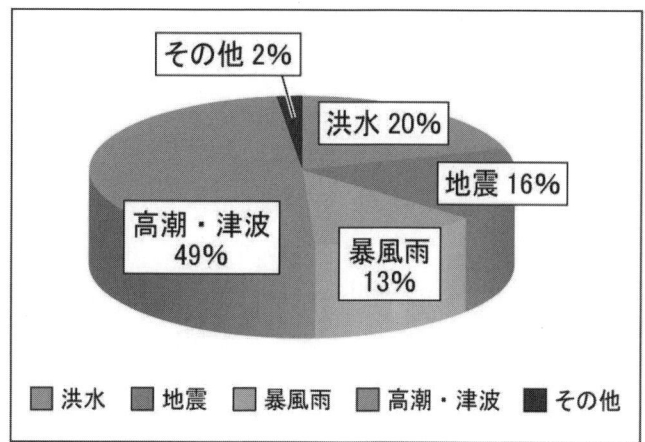

図 3-5　世界の自然災害による被害（1995 ～ 2004 年）

　この図より、水にまつわる自然災害の占める割合が、いかに多いかが見て取れる。世界の国々の中でも際立って日本には災害が多い。その原因は、日本の国土が避け難い 6 つの災害の宿命を抱えていることが挙げられる。

　日本は災害大国であり、災害死者数は世界の 0.4 ％である。日本列島は世界の陸地の約 0.26 ％であるので、だいたい平均的ということであろうか。しかし、災害被害額を見ると、世界の約 0.26 ％の国土の日本が、実に世界の 16.7 ％の被害を被っている。国土の単位面積当たりでは、約 64 倍も災害の被害を受けている。まさに、世界一の被災国と言える数値である（**図 3-6**）。

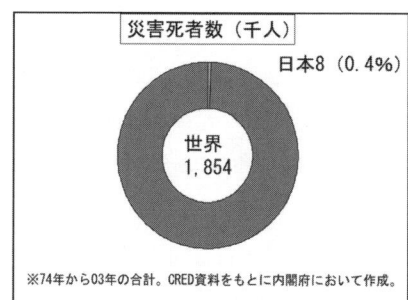 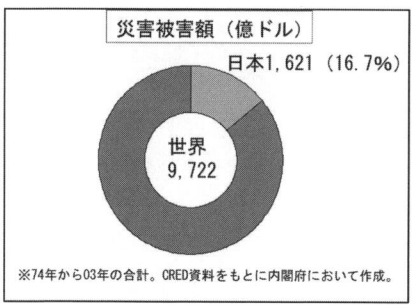

図 3-6　世界の災害死者数と災害被害額

3.4　外水被害と内水被害

(1)　外水と内水

　我が国の平野部の河川は、そのほとんどが世界でもあまり類を見ない天井川となっている。天井川の堤防は平野部標高から数 m、高い所となれば 10m 近くも突き出ている。これが数 km から何十 km と延々と続く、まさに巨大万里の長城のような土で築かれた構造物である。この巨大な堤防で、河川の流路と人間の居住地や耕作農地を隔離している。河川の流路側を堤外地と称し、人間の活動している側を堤内地と称している。人間は堤に囲まれた内に居住しているという意味で名付けられている。

　市街地における水害は大きく2つに分かれる。洪水が堤防を破堤して農地や住家に被害を与える水害を外水災害と称している。一方、堤内地に降った雨水が、河川の水位が高いので排水できずに溜まって床上浸水や床下浸水となる水害を内水災害と称している。日本の全国で統計を取ってみると、外水による水害が54％、内水による水害が46％でほぼ半々であるが、東京都で見れば、外水による水害が20％で内水による水害が80％となり、内水被害が圧倒的に多い（図3-7）。

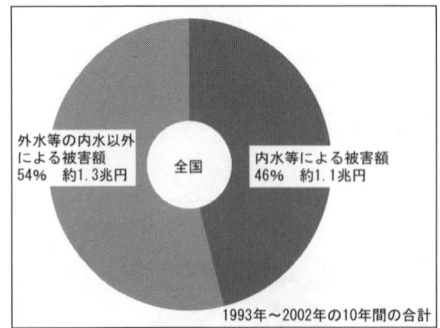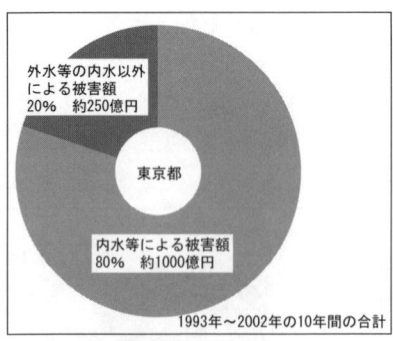

図 3-7　全国および東京都における外水と内水の被害額の割合

　大阪平野や濃尾平野等低平地においては、東京の実状とほぼ同様な状況であろう。すなわち、大都市部の水害の50％は、洪水による破堤ではなく降った雨が排水できずに生起する水害なのである。沿岸域で発展した大都市になるほど内水被害の割合は大きくなる。

（2） 破堤・有堤部溢水回数（S60〜H11）

図 3-8 は、堤防が破堤、ないし堤頂からの溢水時間が短かったため、破堤には至らなかったものの回数である。毎年おびただしい箇所で破堤ないし有堤部溢水が生じている。どこで生起しても不思議ではないことが分かる。切れない堤防を造ればよいという意見があるが、別章で述べるように、越水しても破堤しない堤防を連続して建設することは、技術的にも経済的にも不可能である。堤防は越流すれば破堤するのである。

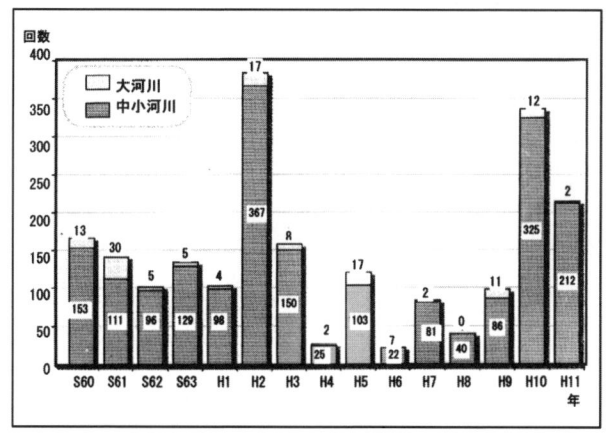

図 3-8　破堤・有堤部溢水回数（S60〜H11）

3.5　いっこうに減らない河川災害

全国どの河川も、安全と言える河川はひとつもない。災害に見舞われるかどうかは、どこに集中豪雨が降るかどうかで決まる。どこで降るかは、神のみぞ知る話である。

毎年各地で起きている河川災害の特色は、破堤を伴う外水と、破堤を伴わない内水災害の激増である。また、近年の都市災害のひとつとして、どこに降るか分からないゲリラ豪雨もある。災害による死者数こそ減ってきたが、被害額は増加の一途である。それは、氾濫地域の資産が増加していることにもよるだろう。

さらに、日本の川は天井川が多く、その宿命として毎年河底が上がっていく。最近は上流のダムの効果で天井川の進行は鈍化しているものの、天井川が破堤した場合のリスクは極めて大きい。このような大きなリスクについて、大洪水時に必死の水防活動によって危機一髪で破堤を回避しているというのが現実である。

4.
洪水から国土を守る治水の知恵

4.1 長い歴史の中で培われた治水の智恵——記録は破られる

　日本の発展の歴史とは、ある面からは河川災害との壮烈な闘いの歴史であると見ることができる。河川災害の歴史のひとこまひとこまを紐解けば、先人がどう災害と向き合ってきたか、その中で獲得してきた深い国土を守る知恵が、学べるにちがいない。

　河川災害とどう向き合うか。それは、先人の知恵と汗から学ぶことである。大自然の営力は、人間の知恵（想定）を何度も超えてきた。つまり、大自然を相手にここまで安全度を高めたからもう絶対に大丈夫ということはない。阪神・淡路大震災からの教訓を鑑みれば、記録は破られるから記録なのである。大自然の営力は、我々の現在持っている知識をたびたび超えてきた。災害のたびに、これまでになかった記録的大豪雨という表現が繰り返されてきた。また、繰り返されるであろう。

　先人たちは、切れない堤防を求めて河川と壮烈な闘いの歴史を繰り返してきた。しかし河川災害はいっこうに減少する兆しを見せない。切れない堤防は河川技術者にとって夢のまた夢なのである。

4.2 治水計画の知恵

（1）　百年の大計と当面の計画

　治水計画とは、国家100年の大計と当面（30〜40年）の計画の組合せであり、手戻りは許されない。長期的な計画に基づいて、営々と着実に一段ずつ安全度を上げていくしかないのである。現在の河川の安全度も、近代治水100年余の先人の知恵で、一段ずつ上がってきた。

スーパー堤防は、400年で日本の首都圏・大阪の中心部が破堤の輪廻から脱却できると考えると素晴らしいことではないだろうか。八ッ場ダムは紆余曲折はあったが、あと数年（計50年余）で完成するところまできている。こんな素晴らしいことはない。できるだけ「ダムによらない治水」では駄目なのである。ダムは手術のようなものである。人間でも、漢方薬で治らない場合は手術に頼るしかないのではないか。すなわち、ダムは河川のどの地点においても水位をわずかでも下げることができる。ひいては、流域の安全度の向上に寄与できる施設なのである。

　ダムや遊水池が計画できる場所（サイト）は限られている。できる所で、できるものを計画していくしかない。ダムと遊水池も、堤防も放水路も避難も、すべて可能性のあるものをこれまでも総動員して治水の安全度を上げてきたし、これからも総動員することが求められている。すべての河川を一気に安全な河川にはできない。段階を追ってやらざるを得ない。しからば、手戻りのないようにするには、どうすればよいか。国家百年の長期の大計を作り、その中で手戻りのないような段階的な当面の計画を作って、その計画に則って着実に進めていくしかないだろう。

　長期的視点に立った計画に基づき、着実に治水安全度を向上させていく取り組みは、その性格（長期的、莫大な費用）から、数年に1回の選挙によって選出される首長や政治家の選出に当たって争点にすべきではない。担当の国土交通大臣、首相がころころと変わる政治状況の我が国においては、いたずらに混乱を招くだけである。すなわち、場当たり的な計画では駄目であり、税金の無駄につながるのである。

（2）　左右両岸と上下流の安全度のバランス

　河川は左右両岸、上流と下流があり、治水の安全度の違いは深刻な利害関係を生む。どちらかが先に破堤すれば、そこに洪水は流れ、河川水位は一気に下がる。そして、他の場所は一気に安全となる。対岸が破堤すれば此岸は安全となり、バンザイを叫ぶ。他人の不幸は我が身の幸福なのである。同様に、上流が破堤すれば下流が破堤する可能性は一気に減ずるのである。

（3）　治水方式の歴史の流れ

　我が国は、治水（洪水に強い都市づくり）に対するたゆまぬ努力、治水安全度を上げる努力を営々としてきた。戦後60年、近代治水100数十年にして、ようやくここまで治水安全度が上がってきたのである。30～40年という短期間では、

安全度は目に見えて上がりはしない。400年かかってスーパー堤防が完成し、洪水に対して安心しておれる国土（日本の中心）ができれば、実に素晴らしいことではないか。

　上流域ではダム、中流域では遊水地、下流域では放水路や築堤等、その地で実現可能な治水対策を営々と実施してきた。ダムや遊水地、放水路等、抜本的な治水対策が実現可能な所は非常に限られている。

（a）面の治水

　面の治水としては、霞堤、二線堤、水屋等がある。大洪水時に面的に氾濫を許容する治水方式として、武田信玄が編み出した霞堤（信玄堤）が有名である。ところが、これまでは洪水時に遊水させていた土地も、農地開発や住宅開発により、反対に洪水時には浸水しないように洪水防御してほしいとの要請が大きくなってきた。浸水氾濫を許容する治水方式の採用は困難となってきている。これが歴史の流れである。

（b）線の治水

　堤防により洪水から人々を守る場合、左右岸、上下流で堤防の安全度の微妙な差が問題となる。ほんの少しでも安全度が低い所が、即一番破堤しやすい箇所になってくる。一連地区の堤防改修においても、1軒の用地交渉が不調になれば、一連地区全体はその1軒の所で最も危険度が高くなる。治水の安全度というものは、此岸が上がると相対的に対岸の安全度は下がるのである。

（c）点の治水

　ダムは、山間部の1カ所のまとまった地区の補償がまとまると完成できる。ダムの治水はダムの下流全延長にわたり、左右岸わけへだてなく平等に治水の安全度を上げる。何cmか洪水位を下げると、下流沿川全川にわたり治水の安全度は一挙に上がる。堤防による治水は、堤防のその箇所のみに限定される上に、上下流、左右岸のバランスを取りながら、順次全川すべての治水安全度を上げていく、気の遠くなる計画である。

（d）面・線・点

　面の治水から線の治水、そして点の治水への流れは、医療技術の進歩に伴う流れと対比して考えるとよく分かると思う。病気の際、栄養になるものを食べて体力を回復させる食事療法や、漢方薬による治療は、さしずめ面の治水にたとえられる。医学が発達し、身体の外部から注射や点滴等で治療する内科的治療法が出てきた。これはさしずめ線の治水に当たるだろう。さらに抜本的治療法として、開腹手術により身体の内部の悪性のものを切除する治療法は、さしずめ点の治水にたとえられるのではないだろうか（**表4-1**）。

表 4-1 治水と医療のアナロジー

治水策	医療
面の治水 （遊水池・避難）etc.	漢方薬 食事療法 etc.
線の治水 （連続堤防）	身体の外部からの治療 注射，点滴 etc.
点の治水 （ダム堰等）	外科 開腹手術 etc.

　できるだけ開腹手術などはしたくないという感情や思いは理解できなくはないが、技術が進歩し、最新の科学技術を駆使した治療法である手術で治療できるものを、それを当初から放棄するということは、いかがなものだろうか。病気の種類と患部にもよるが、手術は極めて有効な処置であるが、手術できない所もあり、万能ではない。ダムもダムサイトの適地があれば極めて有効であるが、ダムサイトの適地は極めて限定されているので、万全ではない。このように、治水は医療行為とのアナロジーで論ずることができる。

　大自然の猛威に対し、有効な手段があるにもかかわらずそれを放棄した結果、大災害を受けた後、後悔することとなる。「後悔先に立たず」とは、熟慮の上での判断・行動を求めた言葉である。人命に直接関係する治水こそ十分な熟慮が求められる。

〔コラム〕島国の治水と大陸の治水——島国ではダム、大陸では河道・堤防
　島国日本の河川は急流であり、洪水波形は短期間でシャープで尖っている。一方、大陸の河川は大河であり、洪水波形は長期間でフラットである。
　河道で流せる流量を Q_H、洪水のピーク流量を Q_P とすると、日本の河川の場合 Q_P を堤防で対応しようとすれば堤防を相当高くしなければならない。一方、ダムでその分を貯留するとすれば、洪水波形がシャープなので小さい貯水容量で済む。大陸の大河川の場合、Q_P を堤防で対応しようとすれば、堤防をわずかに嵩上げすれば対応できる。しかし、ダムで貯留しようとすれば、Q_P と Q_H の間の水量の洪水継続時間が長いので、ボリュームは相当大きいものになる（**図**参照）。
　日本は島国なので古来より、少し日照りが続くと水不足になる。このため全国各地に農業用溜池が造られてきた。ダムを造れば、洪水時の水を貯留でき、渇水時の水不足を補うことができる。さらに、日本の河川は急流なのでダムを造れば容易に高い落差を得られる等、日本の河川はダムにとって

適した条件が揃っている。また、昨今、急増している局地集中豪雨等シャープな洪水波形の洪水の場合は、堤防では越水して被害が発生するが、ダムでは非常に有効に貯水容量で対応できる。

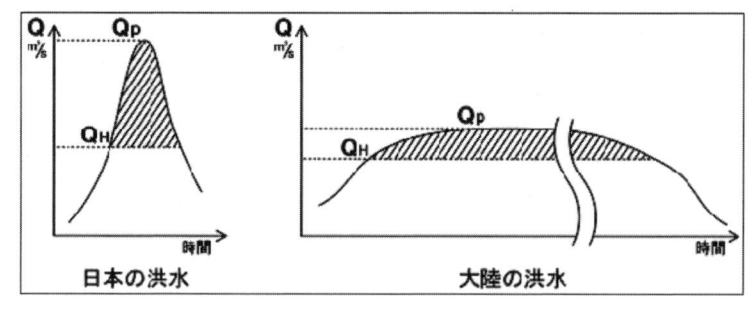

図　日本の洪水と大陸の洪水

4.3　河川工学は経験工学

（1）洪水流量を推定することひとつなかなか難しい

　流域が記録的な大豪雨に見舞われる。下流の河川基準点でいかほどの流量が記録されたのであろうか。各河川の治水基準点には量水標があり、そこでの水位記録から何月何日何時の最高水位の時の流量は何 m^3/s と公表される。その根拠は、治水基準点でのそれまでの河川の横断図や流量観測データから H〜A（水位〜断面積）曲線や H〜Q（水位〜流量）曲線が定められているので、水位さえ測定されれば刻々のおおよその流量が分かるようになっている。

　水文学（すいもんがく）という、河川工学の中の一分野がある。簡単に言うと、流域の数少ない雨量記録から流域に降った刻々の総降雨量を推定し、それから蒸発量や浸透量等を考慮した上で河川への流出量を推定しようとする学問である。降雨量が河川流量に変化するまでに、数多くのプロセスや要因（例えば木の存在など）が関与するため、その計算は簡単ではない。

　私が建設省（現国土交通省）の河川の現場の事務所に勤務していた頃は、洪水中の水位に対する H〜Q 曲線から読み取る流量は速報値で暫定値の扱いであった。その理由は、前年などの過去の流量観測データによって求められた H〜Q 曲線であるため、洪水によって河川の形状が変化しているからである。

　一定規模以上の洪水が生起すれば、水防活動と共に将来の河川計画や管理のた

めに洪水中に流量観測を行い、水位と流量の関係の資料を整える。洪水直後は、河床などの縦横断面が大きく変化するので、基準点やその上下流の横断面測量や河道内における洪水の痕跡調査を行う。このような洪水資料と断面形状等を吟味しながら、その年における水位と流量の関係である H〜Q 曲線式における定数を最小自乗法で求め、この式から洪水のピーク流量の決定値が確定される。また、洪水によっては、上流域で破堤あるいは無堤地で氾濫して下流にピーク流量が少なくなっている場合があるので、氾濫しない場合の流量を推定する。これを「氾濫戻し」と言っている。

このように、何月何日何時の洪水流量は、何 m^3/s であったと決定するのであるが、洪水が発生して洪水中の流量観測から始まって、洪水後の横断測量に H〜Q 曲線式の定数決定や一連の検証シミュレーションの洪水整理を行って流量が決定するまで、半年以上かかって確定し、最終的には流量年表に記録される。

そして、洪水が発生して河川の状態が一変するので、定期的あるいは大洪水の後に全川の縦横断測量を行う。洪水後における新しい横断面や河床条件に応じて河道の洪水時の流水に対する抵抗(粗度係数)が変化するので、低水路部、高水路部等で植生や河床材料等からこの粗度係数をいくつか仮定してシミュレーションを実施して水面形を試算し、これを洪水時の痕跡と整合を図り、全体として一番整合の取れた水面形から粗度係数(これを逆算粗度係数)を決定する。この粗度係数や河川内の堰・橋梁などの影響を考慮して流量規模別の背水計算を行い、河川全体の測点ごとの疎通能力を計算する。そして、水防計画における重要水防箇所や河川改修における施工計画等の基礎資料とする。

(2) 実際の洪水では、いろいろな現象が生じるものである

堤防の高さは、洪水時に想定される計画高水位に 1〜2.5m(河川規模により異なる)の余裕高が設けられている。「余裕高の部分までを洪水が流れる断面とすれば、ダムの洪水調節をしなくても計画の対象とする洪水が流れるではないか」と主張する人、社会が専門家と見なしている学者と称される人までが現れ、唖然とする。

確かに大学の研究室の実験水路では、水位が決まればその時の流量が定まる。しかし現実の河川の洪水時には、この一見単純そうな水位から流量への変換ひとつが大問題なのである。河床条件・横断面の形状が洪水の前後で大きく変わる。さらに、実河川では支川、派川の分合流もある。洪水のパターンもその都度違う。要するに、同じパターンの洪水は 2 つとしてあり得ない。洪水時に同じ水位であっても、増水期と減水期で流量が異なる。1 本の水位流量曲線で求める流量

は、実態にそぐわない場合も往々にして生じる。

　図 4-1 の①は一般的な場合で、増水期から減水期に反時計回りの H（水位）〜 Q（流量）曲線、②は、同じ基準点でも洪水によっては時計回りの H〜Q 曲線となる場合もある。さらに、同じ基準点でも支川合流の背水の影響を受けると、③のように全く異なる H〜Q 曲線となる場合や、④のように流量は増加しないのに、水位のみが上がるという場合も出てくる。このように水位から流量を確定するのにも、H〜Q 曲線から機械的に算出するのではなく、増水時の水面勾配、減水時の水面勾配、河道の断面形状、観測地点・下流の構造物の状況、さらには、洪水時の分合流状況や背水の影響の度合い等をよく把握した上での総合的・工学的判断が求められている。

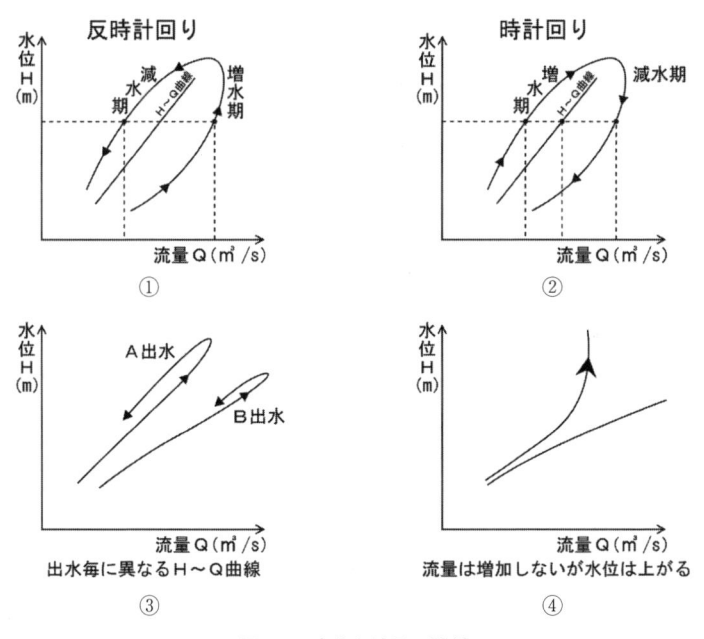

図 4-1　水位と流量の関係

（3）　200 年確率洪水・極値確率の世界

　河川計画のみならず、社会基盤、特に利便施設の規模を決定するに当たっては、コスト・ベネフィット（B/C）が重要な要素とされることが多い。一方、治水計画については、国土保全や、公平性の視点それに人命に関わるため、B/C のみで判断することはできない。我が国の一級河川では、河川計画ではほぼ 100

年確率とか 200 年確率とかの洪水を計画対象にしている。この値は、いわゆる当該社会の持つ通念（歴史的経緯の所産）に基づいている。ちなみに、先進国における治水安全度は**表 4-2** のようになっている。日本における治水の安全度の目標は、高いものではない。これは、日本が置かれた厳しい自然条件を反映している。

表 4-2　先進国における治水安全度

国名	河川名称	治水安全度の目標[※1]	整備率[※2]
アメリカ	ミシシッピ川下流	概ね 1/500 程度[※3]	約 94%[※4]
イギリス	テムズ川	1/1,000[※5]	100%[※5]
オランダ	国の中枢を含む沿岸部	1/10,000[※6]	約 94%[※7]
日本	荒川	1/200	約 40%

※1　治水安全度の目標：治水施設の整備の目標としている洪水の年超過確率
※2　整備率：河川整備の計画に基づき、必要となる堤防等のうち、整備されている堤防等の割合
※3　"Sharing the Challenge：Floodplain Management into the 21st Century", Report of the Interagency Floodplain Management Review Committee to the Administration Floodplain Management Task Force, p.60, 1993.
※4　"Report of the secretary of the army on civil works activities for FY 2005", Department of the Army, p41-81,82, 2006.5
※5　"Strategic Environmental Assessment Environmental Report Summary", Environment Agency, p.2, 2009.4
※6　"Flood Defence Act 1996"
　　（http://www.safecoast.org/editor/databank/File/Flood%20Defence%20Act%201996.pdf）
※7　"Water in Focus 2004 Annual report on water management in the Netherland", Ministry of Transport, Public Works and Water Management in co-operation with the partners of the National Administrative Consultation on Water.
　　（http://www.rijkswaterstaat.nl/rws/rize/waterinbeeld/wib2004e/index.html）

さて、確率とはどういうことだろうか。サイコロのそれぞれの目が出る確率は 6 分の 1 である。この確率は正しい。しかし、河川の洪水規模を検討するときに使用される水文（雨量とか流量）データは、そもそも多くの河川では 50 年程度（100 年程度ある河川もある）しか観測値がない。そのようなデータに基づくため、5 年確率とか 10 年確率ということなら信頼度はある。しかし、50 年のデータの最大値が 50 年確率値と言えるかどうかは、相当無理がある。なぜならその観測値は、極めて異常現象で 100 年確率以上の場合も往々にしてある。ましてや 50 年しかない観測値でもって 200 年確率を推定することは、内挿ではなくて外挿となり、大変大きなバラツキが生じる。難しい極値確率の問題であり、また異常値の棄却検定という問題が生じてくる。

そもそも水文諸データの観測値がどのような確率場であるかの想定により、確率現象の分布曲線が異なってくる。例えば対数正規分布とか極値分布、あるいは双曲線型指数分布等、数学的処理が可能な分布式のどれを適用するかにより、大幅に結果は異なってくる。それよりも昨今の気候異変により、豪雨頻度が確実に増加してきている。どうやら、終戦直後の10年間の観測値と近年の10年間の観測値とでは、自然現象としての降雨メカニズムが少し変わってしまったようである。降れば大雨、降らなければ極端な少雨といった形で、降雨現象の変動幅が増大してきている。確率現象として同じ確率場として扱うこと自体がおかしくなってきている。すなわち、正六面体のサイコロの確率場で論を進めてきたつもりが、いつのまにか歪んだ六面体のサイコロに変わってしまっているということと同じである。要するに、数十年前の観測値で確率計算した100年確率値より、近年の観測値で確率計算した100年確率値の方が、遥かに大きい値となっているということである。

　河川工学は、もとより自然現象を対象とする経験工学であり、近年の異常気象を含め、自然現象の確かな観察に基づいて自然現象のメカニズムの理解と深い洞察を行い、それに基づく総合的な判断を行うことが不可欠なのである。

　異常値とは何か。かつて時間雨量100mm以上とか日雨量300〜400mm以上などは、異常値として場合によっては棄却された値であったが、昨今の気候異変で決して異常な値ではなくなってきている。安全性を確率年で評価することには、大変な危険性が潜んでいる。ある高値が一度生起すると、それまでの安全度は半分以下となる。安全と思っていたものが、一挙に危険となるという怖さを持った値であることを理解しなければならない。「数値」だけで議論してはならないということである。

（4）　コンピュータゲームの世界とエンジニアリングジャッジメントの世界

　では、そのような特徴を持った河川をどのように把握するか。河川工学は経験工学であって、コンピュータシミュレーションゲームの世界ではない。河川流量はブラックボックスだらけの世界なのである。何が正しい値で、推定値はどれだけの誤差を内包しているか。いろいろな水理学や水文学の公式は、バラツキの多いデータをある仮定の下で理論式を作り、係数を工夫して実測値にできるだけ近づけようとするものである。

　もともと、どの公式も相当誤差を含んでいる。例えば、「マニングの粗度係数」（水路の流速（流量）を計算するために用いられる係数）などは、せいぜい有効数字は2桁の世界である。バラツキの多い測定値を積み上げ、バラツキのある推

定式でもって降雨量から流量を推定している。最終的に出てきた数値をどのように評価するかは、高度な経験を積んだ技術者の工学的判断に委ねられる。

　宇宙工学の世界は、ニュートン力学を駆使して巨大コンピュータを使えば、どんどん精度が上がり、人工衛星を打ち上げたりドッキングさせたり、精度の高い軌道計算が可能となる。これは科学技術の大変な進歩である。河川工学の世界でも、科学技術の進歩によりコンピュータを駆使すれば、いろいろなシミュレーション計算が可能になってきた。しかし、計算可能であることと計算で算出された数値が、自然現象をどれだけ正しく再現しているかということとは、全くの別問題である。

　ダムの堆砂量を予測する公式もいくつも提案されているが、それらによって算出される数値は何倍も異なる。堆砂量に関わる自然現象、例えば山地崩壊、土砂流の発生、土砂の流送過程を経て、ダムの堆砂過程となる。それらのプロセスには、不確定要因があまりにも多い。どの公式がこの流域では比較的よく適合しているかという問題なのである。大切なことは、自然現象を十分に理解した上で、各公式の限界を踏まえ、総合的かつ高度な工学的判断を行うことである。

5.
切れない堤防の幻

5.1 なぜ堤防は高いのか

(1) 堤防・不思議な地形
(a)「万里の長城」を築く——野洲川・南流・北流の語る伝言

　野洲川は現在、放水路が昭和 54 年 6 月に通水し、かつての万里の長城のような南流と北流の高い堤防は平地化されて、跡を探すにも苦労する状況になった。放水路建設以前の守山市新庄の笠原橋と乙窪橋付近の断面図を見ると、南流・北流とも堤高約 10m の堂々たる堤防である（**図 5-1**）。破堤しない堤防を築こうとして営々と造ってきたのである。

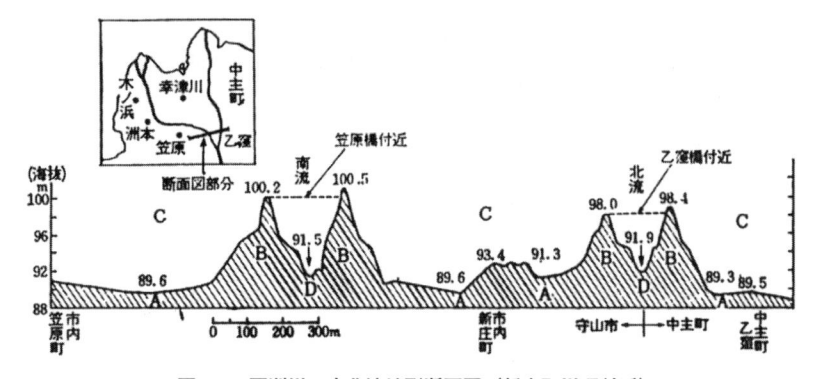

図 5-1　野洲川・南北流地形断面図（新庄町川辺付近）

　南流・北流の洪水疎通能力は南北流分派点では南流・北流合わせて 2,000m³/s 以上あるが、河口部では南流が約 350m³/s、北流が約 500m³/s で、合わせてわずか 850m³/s 程度しかない（**図 5-2**）。

図5-2 洪水疎通能力

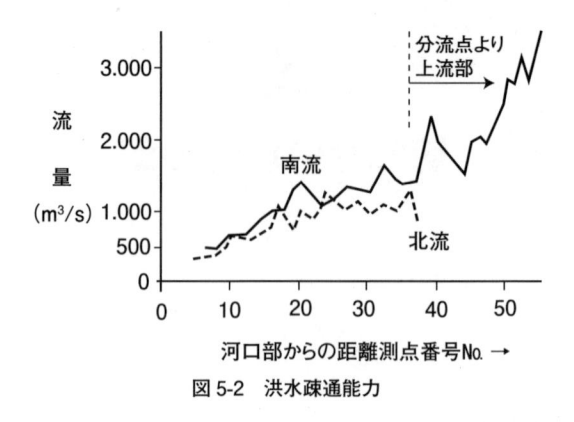

　ということは、南流では350m³/s以上から1,000数百m³/sの洪水は河口まで流れず途中で必ず破堤した。同じように、北流では500m³/s以上から1,000数百m³/sの洪水では河口まで流れず必ず途中で破堤したことを意味している。洪水でどこかが破堤すると、全沿川左右岸共、この次の洪水では自分の郷土は水害を受けないよう同じ位置でせっせと嵩上げに励んできた。この理由は、堤防を広げると生活の糧である田畑を失うことになり、仕方なく堤防を広げることができなかったのである。
　その結果、このような万里の長城に比肩され得る壮大な天井川の地形が生まれた。
(b)　淀川の堤防は、まるで万里の長城
　淀川の堤防は現在、左右両岸・何十kmにわたり高さ10mくらいの万里の長城を思わせる巨大構造物である。万里の長城は秦の始皇帝の時代から、外敵を防ぐために営々と築かれてきたものである。その構造物の断面形や煉瓦構造物の概要は、少し調べれば性状はほぼ分かる。
　一方、淀川の万里の長城は、いつ誰がどのようにして築造したのであろうか。まず、最初に淀川の洪水の氾濫の過程で自然堤防が造られ、その自然堤防を拠り所として、それを嵩上げする形で仁徳天皇が茨田の堤と称する堤防を築いてきた。その後、豊臣秀吉が太閤堤と称する堤防を、仁徳堤を包むように嵩上げして築造してきた。その後、江戸時代、明治以降と破堤を繰り返す都度、順次嵩上げを繰り返して現在に至っている。重なり具合から見ると、一度の嵩上げ高さはせいぜい1m以内であったと想像される。仁徳天皇や豊臣秀吉等為政者の他は、その地の農民が自分の農地を守るために、部分部分で盛土を繰り返してきたものであろう。
　阪神・淡路大震災で淀川の河口部門堤防は壊滅的な被害を受けた。たまたま地

震が1月で出水期までに時間があったので、修復には堤防基礎の補強も含め、十分な施工管理をして築堤することができた。これまでの淀川の被害は洪水によるものであるので、次の洪水は明日にも来るか分からない。修復は一刻も早く締め切らなければならない。時間との勝負である。施工管理など言っておれない。なんでもよいから一刻も早く締め切ることが至上命令なのである。

(2) 不思議の百貨店・斐伊川
　(a) 破堤の輪廻・天井川形成物語

図5-4 は、島根県内を流れる神戸川の妙見橋地点と斐伊川の神立橋地点そして出雲空港地点を結ぶ線で切り取った地上部（図5-3）の断面図である。垂直方向を水平方向より何倍かに拡大して書かれているが、この図を見て、いろいろ疑問点が次々と浮かび上がってくる。川というものは、本来その地域に降った雨を集めて流す、水の道の役目を果たすものであるはずである。

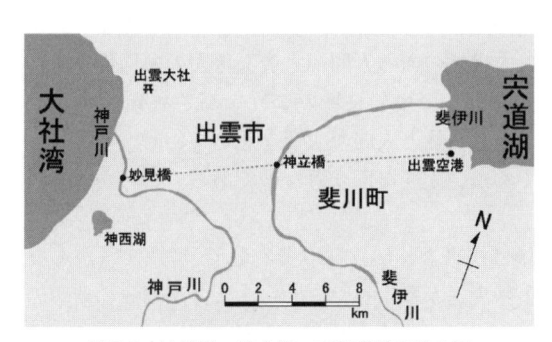

図5-3　妙見橋〜神立橋〜出雲空港の地上図

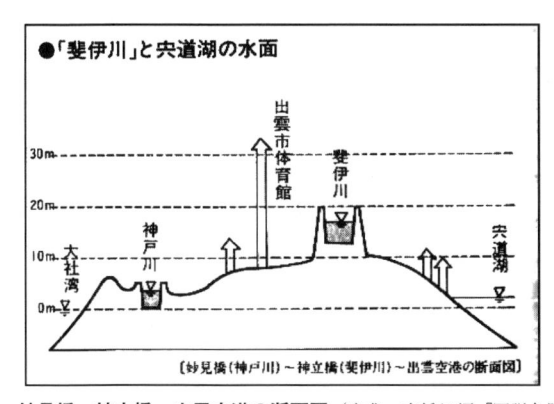

図5-4　妙見橋〜神立橋〜出雲空港の断面図（出典：高橋裕編『図説危険な川』）

1番目の疑問は、斐伊川が地形の一番高い所を流れていることである。何故だろう。この流域に降った雨は、どこに流れるのか。この流域に降った雨は地域内の排水機能を持つ小河川（側溝的な？）に集められ、下流に行き大社湾に注ぐか直接宍道湖へ流出する。側溝的な小河川であるため排水能力が小さく、すぐに溢れ出て氾濫し、浸水被害が出る。それを内水災害と言う。

　2番目の疑問、この断面図はどう見てもおかしい。大自然は、川の流れをこんな高い所に造るわけがない。水の本性は、より低い所を見つけて流れる。その通りである。大自然の営力のなすがままにまかせておけば、このような、おかしい地形を造ることはない。人間の力が加わっている。そういうことは、斐伊川の流路は人間が造ったということなのであろうか。斐伊川は人工の河川ということなのであろうか。人工の河川ということならば、人間はどうして、こんな危険な所を斐伊川の流路にしたのであろうか。こんな危険な所につける理由が分からない。その通りである。

　この斐伊川の流路は、大自然が独力で造ったものではない。人間が独力で造ったものでもない。大自然の力と人間の大変な努力の共同作業で作った合作なのである。ほぼ平行に2列、万里の長城のような高さ数mで何十kmにもわたる構造物である土堤は、大自然と人間が大変な思いで、せっせと造ってきた危険きわまりない、とんでもない大変な厄介者なのである。これが天井川と言われるものである。

　斐伊川の上流域は古来より砂鉄採取で有名で、"鉄穴（かんな）流し"が行われたことにより土砂流送が多かったことも、天井川形成の要因のひとつになっている（鉄穴流しとは、砂鉄を含む山砂を渓流に流し、軽い砂は早く下流に流し、砂鉄は底に沈んで溜まる。これを繰り返すことで、次第に砂鉄の含有率が高くなる。いわゆる比重選鉱である）。このような天井川は世界では、ほとんど見られない。

　しからば、3番目の疑問は、このような万里の長城を何百年にわたって営々と築いてきた大自然の意図が分からない。また、人間の意図が分からない。その通り素直な疑問である。

　この万里の長城が形成されてきた過程を振り返ってみれば、大自然の意図も人間の意図も分かってくる。まず、最初に大自然は、水の本性にまかせ低き所を求め、暴れ回って氾濫していた。洪水のピークが過ぎて、どんどん広い氾濫原から水が引いていく過程で、浸水深の浅い所で氾濫水の流速が小さくなっていく。氾濫水は水だけでなく、大量の土砂を流送している。河川により異なるが、水が7分に土砂が3分と言われている。水が流速の大きい時は重い土砂を運ぶ力・流送

力があるが、浸水深が浅くなり流速が小さくなってくると、土砂は沈降し堆積しはじめる。土砂の堆積が始まれば、その位置の浸水深がさらに浅くなり、流速がさらに小さくなり、どんどん堆積が進む。その次の洪水時にも、その場所の浸水深が一番浅いので、その場所で堆積がどんどん進んでいく。そのようなプロセスで大自然が築造した堤が自然堤防であり、この堤防が高くなってくると、自然堤防を越流する洪水が徐々に少なくなってくる。

そこを人間が農地として利用を始める。しかし、少し大きな洪水となれば、自然堤防を越えて洪水が氾濫する。人間は、農地を守るために自然堤防の上に土砂で嵩上げして堤防を高くしていく。人間の農地を守る治水のための大変な努力の始まりである。堤防を嵩上げすれば、氾濫する機会はさらに小さくなり、農地をより高度に利用することになり、宅地等として利用していくことになる。そうすれば、より堤防を高く築き、少々のことでは破堤しない、より頑丈な堤防を築きたいということになってくる。

一方、自然および人間の手による堤防の形成で氾濫しにくくなった河川の洪水は、河川の勾配が急に緩やかになる所で、流速が小さくなり、そこから洪水のピーク時以降、どんどん堆積が進んでいく。堤防が低い間は頻繁に破堤し、氾濫原に土砂をばらまいてきたが、破堤しなくなってくると、河道内に土砂をどんどん集中的に堆積させることとなる。大変なスピードで河道内に堆積が進んでいく。河道内の堆積が進んでいくと、洪水の流れる河積（河川の洪水が流れる面積）がどんどん小さくなっていく。そうすれば、河川の疏通能力が小さいので、少しの洪水でも越流して破堤することが増えてくる。

人間は自分達の大切な農地を守るために、せっせとさらに堤防を高く丈夫に築いていく。長い河川の流路の中で、堤防をより高く丈夫にする努力をしない地域があると、大自然は目ざとくその所を見つけて、そこから越流し破堤する。長い流路の両岸のどこか1カ所が破堤すれば、そこから一挙に洪水が溢れ出る。河道内の洪水の水位は目に見えて下がり、対岸の地域は一挙に安全となってくる。人は堤防をより高く、より頑丈にする努力を始め、全沿川、左右岸、全地区で堤防嵩上げ、堤防強化の競争が始まる。各地域の住民にとっては死活問題である。一方で、堤防を高くすればするほどに、堤防を強化すればするほどに、どんどん破堤時の被害は大きくなる。大自然は正直である。どこが一番堤防強化の努力の少ない所かを見つけて、そこから破堤する。天網恢恢疎にして漏らさずということである。終わることなき破堤の輪廻の歴史である。

4番目の疑問、こんな高い所を流れていたら、もし堤防が決壊すれば、大変なことになるのではないか、その通りである。右岸が破堤すれば、右岸の市街地や

田畑は壊滅的な被害を受ける。左岸が決壊すれば、左岸側が同様になる。出雲平野は、この堤防によって守られているのである。

　5番目の疑問、しからばこの堤防は大丈夫なのか。決壊することはないのか。河川改修計画で、想定している洪水以上の大洪水が来れば切れる。越水すれば堤防が決壊する可能性が極めて高くなる。堤防は土堤・土で造られているので、堤防から洪水が溢れ出る越水以外でも、どこか弱点ができ、水みちができれば水みちが大きくなり破堤する。これを浸透破壊と言う。その他、水流の勢いで堤防が削り取られれば破堤する。これを浸食破壊と言う。

　6番目の疑問、この地域を守ってくれている生命線というべき堤防は、何によってできているのか。心配になってきた。堤防は土堤で造られている。この地で一番入手しやすい土を集めてきて盛り立てて築造されている。この地域は斐伊川の過去の洪水で造られた氾濫原なので、真砂で造られている。真砂は浸透や浸食に対して決して強い材料ではない。

(b)　締め切れなければどうなる、河道の変遷の歴史

1)　斐伊川の河道の変遷

　この大天井川の斐伊川が破堤すれば、どういうことになるのだろうか。小洪水で小さな破堤で済めば破堤箇所の修復で済ますことができるかもしれないが、大洪水がくれば、どうなるのであろうか。それは斐伊川の河道の変遷の歴史が物語ってくれている。

　斐伊川は、かつて西方に流れ、神戸水海を通じて、大社湾に注いでいた。これが寛永16年（1639）の洪水によって東側へ流れて宍道湖に流れるようになり、それ以降宍道湖沿岸は一層洪水に悩まされることとなった。

　地形の一番高い所を流れている現在の斐伊川の堤防が大規模に破堤すれば、どうなるのだろう？　右岸（川を下流に向いて右側）が切れれば右岸に新しい流路が形成される。左岸が切れれば、左岸に新しい流路が形成される。一番低い所を探して流れることとなる。寛永16年の大洪水では、右岸が切れて、元に戻すことができなかったということである。かつて為政者は城下町を守るため、反対側の堤防を一部低くして、大洪水で破堤しても被害が小さく済むようにした。現在の世では、意図的に左右岸で差をつけることは社会が許してくれない。大洪水となれば流路が変わってしまう。流域の運命が何世紀にもわたって変わってしまう。天井川の破堤の輪廻の宿命である。全国の主要都市は河川の氾濫原に立地し、しかも河川は天井川になっている。大規模洪水で一度破堤すれば、河道を元に戻すことができなくなる場合もあるということである。

〔コラム〕八岐大蛇退治伝説

　斐伊川はスサノオノ命の八岐の大蛇退治の伝説で有名である。

　斐伊川流域には8つの頭と8つの尻尾を持つ多くの谷や山をまたぐほどの巨大な大蛇がいる。8つの頭とは8つの斐伊川の支川であり、8つの尻尾とは8つの派川のことである。

　背中は緑で覆われ、腹は真っ赤にただれている。緑とは流域の森林の緑であり、腹は河川のことで、真っ赤とは砂鉄の錆で赤茶けていることを意味している。毎年あるシーズンになると、大地をふるわせて奥地からやってきて、大切な娘を一人ずつさらっていく。今年ももうすぐ、そのシーズンがやってくる。最後の8人目の娘・稲田姫を人質にしろと言う。両親は最後の大切な娘まで人質に獲られたらと思うと、悲しくてショクショクと泣いている。稲田姫とは水田のことである。毎年の洪水ごとに大切な大地を氾濫で流失していくことを言っている。

　スサノオノ命が大蛇を退治するということは、堤防を築き堰堤を築いて洪水対策、大治水工事をしたということを言っている。

（3）　堤防の断面は築堤の歴史を語る

　堤防が破堤して初めて堤防の断面が現れる。氾濫原野の沖積層の上部に自然堤防の層がある。自然堤防とは大自然の河川の営みの所産であり、土砂流送と堆積のメカニズムによってできた自然現象の産物である。

　沖積平野に広がった氾濫水は、洪水のピークを過ぎると浸水深をどんどん浅くしていく。浸水深が浅くなるとともに、氾濫流の流速も急速に減少していく。流速が大きいときは土砂を流送する力があるが、流速が減じていくと土砂の流送力がなくなり、その地に堆積していくこととなる。堆積した所は、周りより盛り上がった分だけ浸水深が小さくなり、流速も小さくなり、その場所にどんどん堆積していくことになる。そのようなプロセスでだんだん高くなっていって形成されるのが自然堤防である。

　自然堤防が高くなれば洪水が越える頻度は少なくなっていくので、自然堤防の後背には後背湿地ができる。小洪水では自然堤防は越水しなくなり、湿地は干拓され、農耕地として耕作されるようになる。しかし、それ以上の洪水ともなれば、自然堤防も越水に破堤することとなる。人々は農地を守るため、自然堤防を拠り所として、人工的に盛土を重ねて、どんどん堤防は高くなっていったのであ

る。

　例えば、淀川の堤防本体は歴史上、仁徳天皇が築造した茨田堤や秀吉が造った太閤堤等の記載はあるが、どのようにどのようなものが造られたかは一切分からない。堤防が破堤すれば、次の洪水がいつやってくるか分からない。一刻を争って、その近くの河床砂礫をかき集めてきて盛り立てて造られた。破堤口は急流なので、一気に大量の土石等を投入しなければ締め切ることはできない。堤防の破堤断面の調査をすれば、いかに堤防の性状が千変万化であるか分かる。

（4）破堤のたびに堤防強化（嵩上げ腹付け）を繰り返してきた

　これまでの全国の河川改修の歴史を振り返り見ると、これまで経験した事のない記録的豪雨により大災害が生じ、その都度、河川改修の計画規模を大きくしてきた。しかし、また、それを上回る豪雨がやってくる。人知を遥かに越えた自然の猛威の連続である。

　既往最大洪水による破堤の連続。記録は破られ続けてきた。その都度、河川改修計画規模を大幅に見直し、堤防の引堤や嵩上げを繰り返してきた。利根川改修の歴史を見ると、明治33年（1900）以来わずか80年間で、実に5回の計画規模を上回る大洪水の災害を受けて、なんと約6倍近く計画流量を増大させなければならなくなったのである（図5-5）。その他の河川についても、大なり小なり同様な流量改訂の歴史をたどっている。

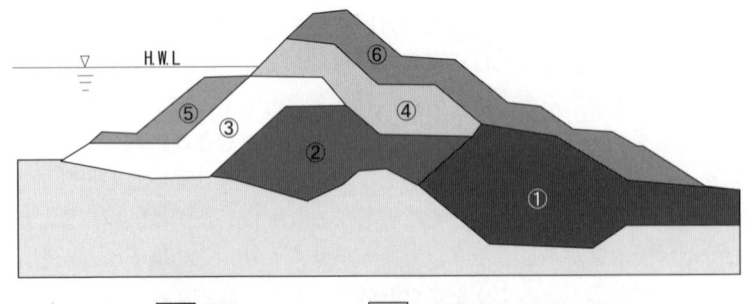

図5-5　利根川の堤防

① 旧堤
② 明治改修計画(M33年)
③ 増補計画(S14年)
④ 改修改訂計画(S24年)
⑤ 新改修改訂計画(S55年)
⑥ 平成年代施工

（5） 堤防は高くすれば破堤時の災害は大きくなる

堤防を高くすればするほど、破堤時の災害は大きくなる。日本の河川は天井川の宿命を背負っているため、破堤の輪廻から脱却できないでいる。人々は、農地の安全を願って堤防を高く築いてきた。その結果、上流からの土砂が堆積し、河底が上がって河積が小さくなり、洪水疎通断面が小さくなって破堤する。このようなプロセスで破堤を繰り返すのである。

天井川は時間とともにどんどん高くなり、それに応じてどんどん危険性が増えてくる。日本の河川は洪水時、大量の土砂を流送する。先述したように、洪水時には水が7分に土砂が3分の濁流になると言われてきた。そして、堤防を高く築けば築くほど河川氾濫の危険性は増すのである。最近、天井川の進展が止まってきたという。河川から流出する土砂が、流域の土砂崩壊が減少したため、少なくなってきたのである。

（6） 堤防の嵩上げ禁止令

甲府盆地の南部、笛吹川に北接する所に、玉穂町がある。玉穂地内を流れる今川を挟んで、東側の乙黒村、西側の町之田村との間で今川の堤防の高低を巡っての争いが続き、これが今川論所と言われてきた。一方が少しでも高ければ対岸から越流し破堤する。その破堤口から洪水が一挙に流出して河道の水位は低下し、他方の堤防は一挙に安全となる。左右岸のわずかな堤防の高低差が、大災害を受けるかどうかの運命の分かれ道となる。このため今川堤で幕府や近隣の村々の立ち合いの下で、堤定杭が決められて、堤防は杭の高さまでと定められた。洪水時に土のうなどで堤を高くし、水の浸入を防ぐことは固く禁じられた。

このように「堤上置御法度」は定められたが、洪水時には御法度を破るものが現れないよう、両村の村人は監視を続けた。しかし、土手に竹木を植えることは禁じられていなかったので、土手には篠竹が植えられた。この水争いは、周囲の玉穂地内にとどまらず、大津村、二川村などが乙黒村方に加わり、花輪村、大田和村、今福村などは町之田村方に加わり、左右岸の村々で争われ天明4年より明治初年まで延々と争いは続けられた。

この今川論所と同じように、河川の左右岸の堤防の高低の争いは全国至る所であった。堤防改修は、左右岸のバランスを常に取りながら嵩上げしなければならないということである。同じことが一連堤防の上流と下流とでも言える。上流で破堤すれば、下流は助かる。上流で破堤しなければ、下流が破堤する。堤防の改修は、左右岸、上下流など常にバランスを取り、高低差なきよう配慮しなければならない。上下流についても、常に進捗状態のバランスを取りながら進めること

が求められている。

　要は、堤防というものは、その地先という極めて限定された狭い地域しか守らないものであり、かつ一連区間がすべて完成するにはどうしても長期間を要することとなる。上流から改修すれば、その影響は必ず下流に及ぶ。一般に、築堤は上流から、掘削は下流から実施することが治水の原則と言われるが、おかしいこの原則を、現状における地域の状況に応じて上下流ならびに左右岸のバランスを考慮しながら、さらには用地問題の解決など地域内での事情も考慮して実施する必要がある。上下流の被害額が均衡してくると、その原則では住民の合意が得られにくくなり、近年では掘削を主体とした、下流域での改修が多くなっている。河川改修は、下流からコツコツ上流に向けて徐々に少しずつ改修していくこととなる。

5.2　破堤するとどうなる

（1）　もし利根川が決壊すれば――カスリーン台風決壊のシミュレーション

　昭和22年（1947）のカスリーン台風の際、埼玉県東村の利根川右岸が、340mにわたり決壊した。B29の空襲で焼跡となっていた首都圏を直撃し、下流都内まで約1週間かけて洪水は流下した。被害は1都5県で死者1,100人、負傷者2,420人、流失家屋23,736戸、浸水家屋303,160戸に及んだ。

　昭和22年当時は焼跡の首都圏であり、バラック程度の住宅が大半で、家財といっても粗末なものだった。現在の首都圏は、人家・家財や人口が密集し、企業、オフィス、工場にハイテク電子機器（水に弱い）などが置かれている。また、鉄道、電信、変電所、地下鉄、地下街などのインフラも多く設置されている。現在の首都圏のように重要機能が集積した所で災害が起きれば、その損害の影響は計り知れない。利根川の昭和22年洪水氾濫実績と平成16年の推定氾濫計算結果を示したのが**表5-1**である。

表5-1　利根川の昭和22年洪水氾濫実績と平成16年の氾濫計算

洪　　水	昭和22年実績洪水	昭和22年と同規模の洪水（計算値）
破堤地点	137.4km（右岸）	137.4km（右岸）
地　　形	昭和22年当時	現況
氾濫面積	約440km^2	約530km^2
浸水域内人口	約60万人（昭和22年当時）	約230万人（平成16年）推定
被害額	約70億円（一般資産＋農作物）	約34兆円（平成16年）推定 （一般資産＋農作物）

昭和22年（1947）のカスリーン台風の時は、終戦後間もない時で、東京の町は焼夷弾の爆撃を受け、一面焼け野原であり、人口も少なかったので、被害額も少なかった。しかし、平成16年時では、地盤沈下が進行したのに加え、人口も増え、町も繁栄しているので、ひとたび洪水氾濫が生じると、その被害額は約34兆円と莫大なものと予測されている。

都市は災害に対し極めて脆いということは、阪神・淡路大震災で痛感させられた。日本では、たまたまこの50年間、カスリーン台風級の大雨が降っていないだけなのである。

（2）　中央防災会議調査会報告（2010）によれば

利根川右岸堤防（埼玉県加須市、136km地点）が決壊した場合は、浸水区域は葛飾区、足立区等、首都東京の中心部を中心に、約530km^{2}にわたり約230万人に被害が及ぶ。その際の死者は、最大約6,300人（浸水深5m以上で避難しなかった場合）と推定されている。荒川右岸の21km地点堤防が決壊した場合、地下鉄が最大17路線・97駅そして延長147kmが浸水すると想定される。また、荒川右岸の12.5km地点堤防が決壊した場合は、決壊から3時間で東京・大手町等地下鉄駅舎が浸水する。

荒川の氾濫の発生確率は、200年に一度と言われる。死者最大約3,500人、首都圏の電力設備の浸水による被害想定も深刻である。利根川が破堤した場合、首都圏で最大約59万軒が停電すると想定されている。荒川右岸低地が浸水した場合は、最大約121万軒が停電すると想定されている。

5.3　破堤箇所をどう締め切るのか

（1）　切れ所沼が語るメッセージ

山間奥地の小集落に供給する水道用水を安定的に確保したい。どのような方法があるのか。近くの渓流から小さなポンプで取水し、水槽に貯留して、そこから配水するということになる。問題は渓流に設ける取水口の知恵である。小さな堰を設けて少し貯水し、そこに小型ポンプを設置すればよいと考える。これは素人の知恵である。渓流は小出水のたびに上流から砂礫が供給され、瞬く間に砂礫で埋もれてしまい役に立たなくなってしまう。

小さな堰の上流の貯水空間にポンプを設置するのではなく、堰の直下流にポンプが入るだけの小さな凹地を造り、そこにポンプを設置するのが玄人の知恵である。小出水のたびに堰の上流では砂礫が溜まっていく。一方堰の直下では、小さ

な堰といえども越流水の勢いで少しずつ深掘れが進むので、砂礫で埋まることはない。安定的に取水ができることとなる。たとえ小さな越流水でも、その水勢は侮れない（図 5-6）。

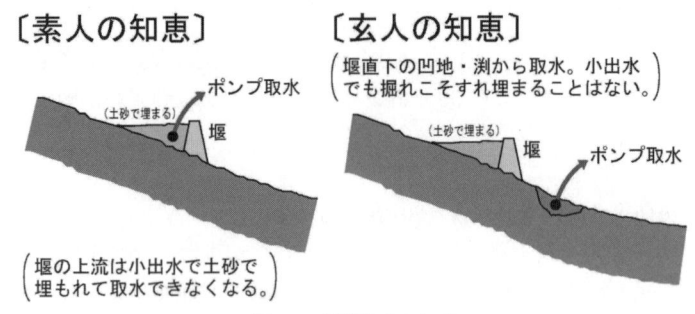

図 5-6 渓流取水の知恵

　1/50,000 や 1/25,000 の地形図の等高線を仔細に調べれば、かつての堤防の決壊箇所が読み取れる。決壊箇所には、堤防の堤内側に「切れ所沼」とか「押っ堀」とか呼ばれている大きな深掘れ、凹地が形成されている。これが決壊箇所で水勢が強い越流水がつくった凹地である。全国各地の河川に沿って散策すれば切れ所沼に出くわす。事例を 2 つほど紹介する。

　(a)　オイテケ堀
　川の多い越谷付近では、夏から秋にかけては、大きな水害をたびたび受けた。約 200 年前の天明 6 年（1786）7 月の大水も、そのひとつであった。見田方の八坂神社の脇の元荒川堤防が切れて、数多くの人家や田畑が大きな損害を受けた。堤防の切れた所が、川底のようにくぼんでしまって、大きな内池が残った。
　それからのことである。日が暮れてからこのあたりを通ると、池の中から「オイテケ、オイテケ」と悲しい声が聞こえてくる。また、ある人は、ここには大きな白い蛇が棲んでいて、池のはたを通る人を水の中に引きずり込むのを見たことがあるという。だから、みんなここを"オイテケ堀"と呼んで、だれも近寄ろうとはしなかった。
　ある日のことである。一人の巡礼がオイテケ堀のそばを通りかかると、いつものように、「オイテケ、オイテケ」と悲しい声が聞こえてきて、何も知らない若い巡礼は、あっという間に大蛇に呑みこまれてしまった。翌日このことを知った村人たちは、かわいそうな巡礼のために、さっそくここに水神宮と弁天宮をお祭りし、池の主をなぐさめたところがどうであろう。それからというもの白い蛇も

姿を消し、「オイテケ、オイテケ」の声もしなくなったということである（**写真 5-1**、**写真 5-2**）。

写真 5-1　おいてけ堀　　　　　　写真 5-2　おいてけ堀夫婦弁財天札

　水害をたびたび受けた所では、こうした言い伝えがたくさん残っている。当時の人びとが、大水をどんなに恐れて、それを避けるために神にも頼ったことを物語っている。

(b)　竹井澹如の星渓園

　「星渓園は、熊谷の発展に数々の偉業を成した竹井澹如翁によって慶応年間から明治初年にかけて造られた回遊式庭園である。

　元和 9 年（1623）、荒川の洪水により当園の西方にあった土手（北条堤）が切れて池が生じ、その池は清らかな水が湧き出るので「玉の池」と呼ばれ、この湧き水が、星川の源となった（**写真 5-3**）。澹如翁が、ここに別邸を設け、玉の池を中心に木竹を植え、名石を集めて庭園とした。

　明治 17 年に時の皇后（昭憲皇太后）がお立寄りになり、大正 10 年には秩父宮がお泊まりになるなど、知名士の来遊が多く見らた。

　昭和 25 年熊谷市が譲り受け、翌年星渓園と名付け、昭和 29 年市の名勝として指定された（**写真 5-4**）。

写真 5-3　玉の池

写真 5-4　星渓園

　これらの切れ所沼を見て分かるように、堤防を越流する水の勢いは大変なパワーである。堤防の越流水は裏法面や法尻を洗掘し、切れ所沼を造っていく。堤防の基礎地盤が削られ、なくなっていく。法面や法尻が洗掘に持ちこたえられるようにするには、ダムの洪水吐の下流部に設計される、減勢工と称されるようなコンクリートによる水理構造物を堤防の法尻かどこかに造らなければならない。「越水すれども破堤しない」堤防を連続的に建設することは、越流水の水勢を考えると現実的にはほとんど不可能である。

（２）　決壊箇所はどこで締め切ればよいのか
　決壊箇所はどこで締め切ればよいのか。締切りを無事終わらせるためには、実はこの方針が成否を分けることになる（**図 5-7**）。

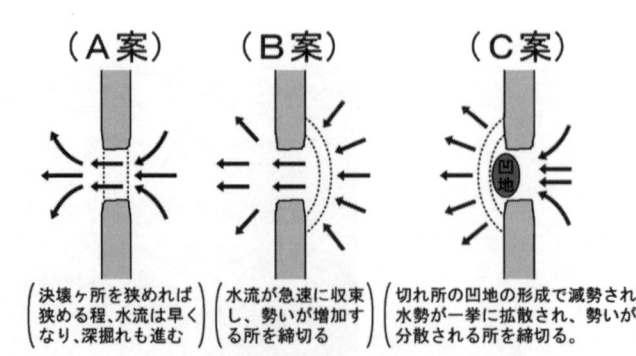

（A案）　　　（B案）　　　（C案）

| 決壊ヶ所を狭めれば狭める程、水流は早くなり、深掘れも進む | 水流が急速に収束し、勢いが増加する所を締切る | 切れ所の凹地の形成で減勢され、水勢が一挙に拡散され、勢いが分散される所を締切る。 |

図 5-7　決壊箇所をどこで締め切ればよいか

A案は、現堤防で決壊された位置で締め切る。これは一番素直なように思えるかもしれない。確かに決壊口が小規模で決壊流量があまり大きくない場合は、この位置で問題ない。しかし、決壊口が何百mと広い場合、順次決壊口を狭めれば狭めるほど流速は早くなり、深掘れも進む。例えば決壊口が当初300mのとき、何日かけて30mまで狭めて、あとは30m一気に締め切ることとすれば、最後の30mの締切りの時には当初の何倍もの流速となり、相当な深掘れも進む。最後一気に締め切る時が問題なのである。

B案は、川側に弓なりに締め切る方法である。締切り位置は、A案と同様に、決壊口を狭めれば狭めるほど水流が狭まっていき、水の勢いが増加していく所を締め切ることとなり、難行することとなる。

C案は、堤内側に弓なりに締め切る方法である。締切り位置は、決壊箇所の直下流には深掘れ・凹地が生じ、その凹地が減勢効果を発揮する。その減勢された後の位置で締め切れば、水の勢いがどんどん弱まっていく所なので、B案から比べ数段やさしくなる。

大正6年の淀川右岸の大塚切れの決壊口の締切り位置は、当初1回目はB案であったようである。1回目の締切りが最後の締切りで失敗し、2回目の締切りはC案で成功したのである。

（3）　決壊口の締切り、壮烈ここに極まる総力戦

堤防が決壊すれば、何をなさねばならないか。決壊箇所を早急に一刻も早く閉塞することである。事故で動脈が切れ、血が噴き出しているとき、一刻も早く出血を止めなければ出血多量で死に至る。全く同じである。決壊箇所の修復にもたつくと、どんどん決壊箇所は広がり、堤内地の浸水被害はどんどん大きくなってくる。堤内地に降った雨水による内水排除のための排水機場は設置されていても、どんどんと押し寄せてくる外水までも排水できる排水ポンプなど整備されてない。決壊箇所から浸入してくる外水の補給を一刻も早くたち切らねばならない。

大正6年の淀川右岸大塚切れに対し、堤防の決壊口の締切り工事の総指揮をとった当時の大阪府柴田内務部長（後大阪府知事）の懐古談には、危機管理・非常時に対する学ぶべき知恵が溢れている。そのいくつかを紹介したい。

「人は地位によって物を大きくも解決するし、小さくも解決する。故に関係する三郡長は全責任をもってあたれ。権限を与える。非常時である。会計の法規に囚われることはない。必要な物資を相手が一銭というものを一銭五厘を出しても早く調達しろ。たとえ、いくら金が掛ろうが金については一切糸目を付ける

必要はない。場合によっては証拠書類も取れなくてもよい。只真っ直ぐな気持ちをもって最善を尽せ。問題が生じたら自分が責任を負う。府の方の設計額は六万七千円に対し、業者側は五万四千円で請負とのことに対し、設計額と請負額との差金は全部賞与として与える」
と命じた。非常な時は通常の常識にとらわれてはならないことを示すものといえよう。

　このように始まった締切り工事は、10月23日になって、当初（10月の初め）270間あった切れ所がだんだん堰き止められてきて、あと30間の所までできた。10月24日、最後の締切りをやろうとしたとき、最初は水の深さが10尺であったものがどんどん深くなり、5間の長さの杭の根が浮き上がり揺らぐという状態になってきた。内務大臣の後藤新平から激しい催促が飛ぶ。さらに悪いことには、10月24日に水が出て、1時間ごとに水嵩が上がってくる。とうとう1回目の締切り工事は断念せざるを得ない状況となり、これまでの締切り作業はすべて水の泡となり失敗に終わった。

　大久保知事は失敗に対し、何のお咎めもなく、2回目の締切りに着手することになった。主任技術者を今度は内務省から仰ぎ、すべて直轄で施工することとし、さらに今回は軍隊の援助も受けることで、10月28日から11月7日まで11日間の短期決戦で完成にこぎつけた。この11日間の締切り工事で投入に必要な材料を、まず何がなんでも3日間で調達して現場まで搬入しなければならない。粗梁35,000束、石材約1,000坪（1坪の石は10tである。10tの貨車30両連ねて1列車、それの30列車分）、それに船を手配しなければならない。柴田部長は「俺がすべて責任を持つから、淀川に置いてある船を全部調達してこい。夜中ではあるし、恐らく船には鎖がかけてあろう。縄がかけてあろう。が、誰のものでも構わない。鎖があれば鎖を切り、縄があれば縄を切って、一艘について10円だけの金を傍に置き、暫く大阪府が拝借したと書いて、直ぐに持って来い」と命令して手配している。

　このような、現在では到底考えられない超非常事態の超法規の決死の大作戦で、1カ月と1週間でようやく締切りが完了したのである。堤防というものは、想定されている洪水以上のものが来れば、必ず破堤する。破堤した時は上記のような状況を想定した危機管理対応まで考えておかなければならないということである。

　こんな大変なことにならないように、どうすればよいか。国家百年の計を立て、一歩一歩着実に治水の安全度を高めていく以外にないのである。安全な国土は1日にしてならず。

5.4 人は何故堤防を切るのか？

（1） かつて治水の基本は決河（堤を切る）にあり

　決壊とは、どのような概念なのであろうか。英語では4つの単語が用いられている。①"やぶれる"という意から break、②"裂き開く"という意から rip、③"くずれ落ちる"という意から collapse、④"破裂する"という意から burst 等、川が堤防を破り氾濫するときの状況の表現からきているようである。

　日本では洪水という災を防ぐ堤防が壊れて機能しなくなることを、①決壊とか、②破堤とか、③欠壊と称してきた。破堤とか break の用語からは、紙とかガラスとか、板のような薄いものが壊れてるときのイメージが伝わる。厚くて頑丈そうなものが壊れるときの表現としては馴染まない。薄くてよく切れることから"カミソリ堤"と言われてきたが、カミソリ堤防が壊れるイメージとピッタリである。また、記録が破られるという表現がある。記録というものは歴史の一コマ、一里塚として生まれたものであり、未来永劫絶対的なものではなく、いずれは必ず破られる運命にあるものなので、堤防というものも洪水との闘いの歴史の一コマ、一里塚であることから、非常に素直な用語である。

　一方、欠壊とか collapse の意味は、部分部分が順次欠けていくことを表現している。洪水という強大な外力に抗し切れずに順次、欠け落ちていくイメージであり、侵食崩壊や円弧すべりで、くずれていくイメージと重なる。我が国では、破堤とか欠壊という単語が用いられるよりは、決壊という単語が主として用いられる。

　問題は、決壊とはどういうことを意味しているのであろうか。「決」でなじみのある熟語としては、決定、決断、決勝、決意、決死等の用語から人の意志で"きめる"という意が強く伝わってくる。「決」とは「さんずい」と「夬」とよりなる。「夬」とは、初形は𢍏であり、刃器を手にもって切断しえぐり取ることを示す。それに「さんずい」「川」が付くことから、壅閉された水を一部を切って流すことをいう。「決」とは、もともと一字で堤を切ることをいう。

　白川静の『字統』によれば、[説文]に「流れを行（や）るなり」とは洪水のとき堤防の一部を切って、氾濫を防ぐことをいう。[漢書、溝洫志]「治水に決河深川あり」とは、その意。「堤防を切って、氾濫を防ぐ」すなわち、「治水に決河深川あり」とは、こちらの堤（比岸）の氾濫を防ぐために、あちらの堤（彼岸）を人為的に切ることを言っている。河を決することは決断を要する重大なことであるから、決意・決定・決心の意となる。

　堤を切ることは一挙に水の流れが変わる。対岸の堤を切れば、対岸の町に大氾濫という災害をもたらす。一方、こちら側は、洪水の危険は一挙に去り、安全は

確保される。為政者にとって、治水とは居城のある町を守るために人為的に対岸の堤防を切ることであった。さらに、一歩進めて、居城のない、被害の地区の対岸の堤防を一段低くして守ってきた。

決壊の本義から、現代の河川技術者は何を学ばなければならないか、3つある。

1つ目は、治水すなわち災害を小さくするために、緊急避難的に人為的に堤防を切ることが有効な場合があるということである。

2つ目は、夬とは切断することであり、元の状態には戻らないことを言っている。したがって、一度破堤した堤防を元の状態に戻すことは並大抵なことではできないことを言っている。

3つ目は、一方の堤防を人為的に切る古来の治水工法はできなくなった現在、堤防の安全度が一番弱い所が決壊するので、どこの堤防が決壊するかは神のみぞ知るということになる。

(2) 浸水被害軽減のために堤防を切る

我が国の洪水の特徴として、流域に降った雨は急勾配な河川を一挙にかけ下る。利根川のような流路延長の長い河川でも洪水のピークはせいぜい1〜2日であり、洪水のピークのあとは河道内の水位は下がる。問題は内水害である。平地部に降った雨水は、河川が天井川なので河川の水位（外水位）の方が高く自然排水できない。排水機場のポンプにより強制的に汲み上げて排水しなければならない。台風等の大災害時には、電力設備も往々にして被害を受ける場合がある。非常用の自家発電機も往々にして被害を受ける場合もある。こうなれば悲惨である。日本の河川の洪水は、ピークを過ぎると数日で水位は下がる。河道内の水位（外水位）が堤内地の浸水標高より低くなったとき、自然排水可能な所で堤防を人為的に切り水害被害の軽減を図る（図5-8）。

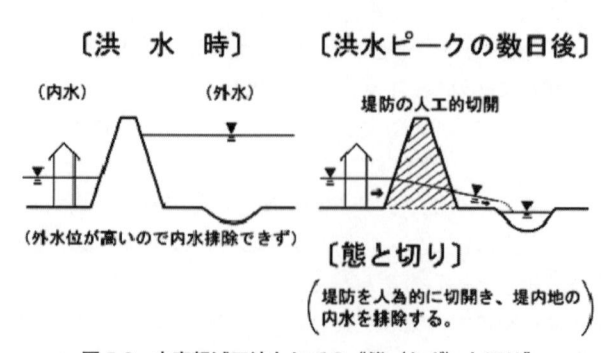

図5-8 水害軽減工法としての"態（わざ）と切り"

ゼロメートル地帯ともなれば自然排水は一切期待できない。堤防の破堤箇所の修復を待って、あとはポンプの力で排水しなければならなくなる。何カ月も浸水は引かないことになる。2005年8月末のハリケーン・カトリーナによって被害を受けたニューオリンズの町と同じ状態になる。ニューオリンズの町の一部の地域では、現在に至るも再起不能、廃墟の町となっている。

日本の河川は急流であるので、利根川でも4～5日もすれば洪水は海に流出してしまう。一方、洪水を流す河道内の水位は、平常時は堤内より低く、堤内地に降った雨は河川へ流下して排水されるが、洪水時には天井川で洪水時の河川水位は堤内池より遥かに高いので、堤内地に降った雨水は河川へ排水できず堤内地に溜まって内水被害を引き起こす。洪水の後2～3日も経てば、河道内の水位は下がってきて堤内地より低い水位となる。排水できずに内水被害を引き起こしている氾濫水を、堤防を緊急に開削することによって、自然流下で河道内に排水することが可能となるからである。

（3） 各地に伝わる"態(わざ)と切り"

堤防を人為的に切れば、洪水が氾濫し、大変な災害になる。歴史を紐解くと、古今東西、相手にダメージを与えるために堤防切りが行われてきた。難攻不落の城を攻略する戦術として"水攻め"の歴史が伝わる。豊臣秀吉の備中高松城攻めや、石田三成の武蔵忍城攻めが有名である。

近年では、昭和13年（1938）6月、蒋介石率いる中国軍が日本軍の武漢への侵攻を恐れて、河南省の花園口で黄河の堤防を爆破した。いわゆる「以水代兵」の戦術である。この人為水害で、死者は約32万人、離郷者数は約63万人にものぼったと伝えられている。

このような戦争時の堤防切りではなくても、洪水時に心配で我が町を守る堤防天端上に立てば、押し寄せる怒涛の洪水に対しあまりにも頼りがない。堤防に対し、もう少し頑張って持ちこたえてほしいと祈る気持ちになる。そのような時、対岸の堤防がどこかで破堤すれば一挙に洪水位は下がり、これで助かったと安堵の気持ちから、堤防上で皆が揃ってバンザイを叫んだという話は全国各地でよく聞いた。

自分の郷里を洪水から守りたい一心で対岸等の堤防を切った人の話も、全国でいくつも伝わっている。郷土を思い堤防切りで犠牲となった人を地元の人々は神として祀ってきた。

兵庫県の円山川に伊豆の万燈の話が伝わる。豊岡市出石町伊豆では、お盆の日に毎年「甚五郎」と言われる灯明が町中にともされ、一際高く掲げられる。か

つて伊豆村の下流に新田井堰が造られたことから水かさが増し、村の中に水が入り込んで、村人は辛い思いをした。ある夜、甚五郎という男がサンダワラ（わらで作った丸い米俵の蓋）と細縄を持ち井堰に忍び寄って上流に回り、サンダワラを頭にくくりつけ、川の中へ入って堰を壊した。驚いた堰守がサンダワラに向かって持っていた鳶口で突いたとたん川の水は血で染まり、サンダワラをくくりつけた甚五郎の死体が浮かび上がった。このことがあってから新田井堰は川下に移され、伊豆の村は水に浸からなくなった。村人たちは甚五郎を手厚く葬り、万燈をともしてその霊を弔った。これが、今も続く伊豆の万燈である。

　埼玉県三郷市戸ヶ崎の香取神社に伝わる三匹の獅子舞の話も心打たれる。戸ヶ崎香取神社に伝わる三匹の獅子舞は天正10年に始まったと言われ、その中の演目のひとつ、「太刀懸かり」にはこんな伝説が伝わっている。

　文化4年の大洪水の際、対岸の桜堤を切らなければ村人が水死してしまうという事態になり、白石茂平・岩蔵兄弟が真夜中、小船に篝火をつけ、三頭の獅子頭をのせて桜堤に向かった。警戒中の役人がそれを見て驚き逃げ去ったうちに、二人は土手を切り開き、村人を救ったという。その際、兄弟は濁流に呑み込まれ、帰って来ることはなかった。以来、このことを永久に語り継ぐべく、太刀懸かりにその様子を取り入れることとなった。現在、神社には二人の供養のための茂岩不動尊がある。茂岩とは、茂平と岩蔵兄弟のそれぞれの一字をとったものである（**写真5-5**、**写真5-6**）。

写真5-5　三匹の獅子舞

写真5-6　茂岩不動尊の祠

日本の洪水被害の歴史を振り返り見ると、全国各地に、河川の洪水被害をより少なくするために、洪水時に緊急に堤防を人工的に切り開く話がある。大正6年の淀川の大塚切れ等の事例が全国各地に伝わっている。

　佐賀平野の真中に巨勢川遊水池がある。この地は、古来より嘉瀬川や城原川から破堤した洪水が貯留して遊水する所であった。この遊水池の水位が、ある水位以上になると下流の佐賀城下に洪水が及ぶため、藩の役人が洪水時に遊水池の水位を監視し、佐賀城下に押し寄せる危険を察知すると、城原川の左岸側の堤防を人工的に切って洪水が城下に押し寄せることを防いだという話が伝わっている。堤防というものは、洪水被害を軽減するために緊急的に人工的に切らなければならないときもあるということである。

　明治維新となり、我が国も法治国家となり、法律が整備されてきた。『刑法十章・第百十九条に、出水させて、現に人が住居に使用しまたは現に人がいる建造物、汽車、電車または鉱坑を侵害した者は、死刑または無期若しくは三年以上の懲役に処する』。堤防切りは死刑等一番重い罪とされた。堤防を切るということは、その地の運命を変える、そして人の運命を変える大変な出来事なのである。

（4）　淀川大浸水のたびに"態(わざ)と切り"
（a）　明治以前の態と切りの歴史

　河川改修のため地元説明に行くと、古老の人が、「私はこの地に住んで数十年になるが一度も洪水被害を受けていない。河川改修などしてもらわなくてこのままで結構です」と言われることがある。しかし河川改修とは、50年に一度、100年に一度、150年、200年に一度の洪水による致命的なダメージを回避したい。そのような非常時の備えなのである。

　また、渇水もしかりである。この地に住んで何十年にもなるが、渇水で困ったことはない。渇水など行政がでっち上げているのだと言う。そうではなく、数年ごとにやってきている渇水で、多くの一般住民に被害が及ばないよう大口需要者等のバルブをしぼる等の対策が行われており、一般の人が気づかない所で関係者の大変な苦労が隠されている。

　100年に一度の洪水に対して、どのように被害を軽減するのかを考えるとき、過去の被害からの伝言に耳をかたむけることが必要である。

　剣豪と言われる人には、極意の技がある。佐々木小次郎の"つばめ返し"、宮本武蔵の"二刀流"等々がある。淀川の下流域には、浸水被害軽減の治水技法として、「態と切り」という人為による堤防切開き工法が中世以降脈々と伝えられてきている。淀川における"態と切り"の歴史は、明治以前は正徳4年（1714）

5月の八幡市の蜻蛉尻川に始まる。享保20年（1735）6月の都島区網島の淀川左岸（現大川）堤の切開き、延享元年（1744）、享和2年（1802）、文化4年（1807）における枚方市赤井堤の切開きが文献上に記録されている。

  (b) 明治18年の態と切り

明治以降三度、決壊による広域的浸水被害（淀川の三大氾濫という）に見舞われた。淀川の治水を考える場合、その三度とも被害軽減のため「態と切り」が行われた。明治18年、淀川左岸枚方市三矢付近の堤が決壊し、北河内一帯が浸水した。下流の大阪市都島の網島において淀川左岸の切開きを行った。
「明治18年6月洪水　淀川左岸　決壊の概要」
- 6月17日午後8時30分、淀川左岸枚方市北岡新町の堤防決壊、三矢村地先の淀川堤防決壊。
- 6月19日浸水は大阪市に達し、河内平野から大阪市に流入している支川寝屋川堤防（通称：徳庵堤）に迫り全堤防が破堤の危機。
- 濁水を本川に戻すため、東成郡野田村（現・都島区網島）堤防の「態と切り」を行った。
- 6月25日再度暴風雨となり、三矢村安居堤防、新町村天野川堤防、伊加賀堤防は再び決壊。
- 宇治川、木津川、桂川などの支川堤防、次々決壊。
寝屋川の水勢強く、枚方切れの溢水と相まって「徳庵堤」を破る。
淀川右岸計46カ所堤防決壊。
- 大阪市街、大阪城〜天王寺間の一部高台を除くほとんどで低地部水害。
被災人口276,049人。大阪市内の橋の30橋が落ちる。

  (c) 大正6年の大塚切れに学ぶ

淀川では、大正6年（1917）9月末の豪雨により淀川右岸三島郡大冠村（現在の高槻市）大塚の堤防が200mにわたり決壊した。この洪水の決壊箇所から「大塚切れ」と呼ばれた。三島郡の大半を沈め当時西成郡であった現在の東淀川区、淀川区、西淀川区一帯は泥海と化し、十三付近で浸水八尺（約2.4m）に達した。この洪水による浸水町村数31、罹災戸数15,500戸、罹災人口65,000人に達した。

当時の福村では、10月1日夕刻、村民に対して避難するよう通告された。そして3日昼過ぎ、さらに濁流が押し寄せた。そして10月中旬ようやく淀川の水位が下がり始めた。浸水各村内の水位の方が淀川より高いので、今の国道43号より上流約200mの箇所で淀川の堤防を切開して、停滞していた湛水を淀川へ流し出した。福村で地面を見ることができるようになったのは、ほぼ1カ月後の11月5日であった。現在、湛水を流し出すために堤防を切開した地点の右岸堤

防に大塚切洪水碑が建てられている（**写真 5-7**）。

写真 5-7　大塚切洪水碑

淀川の高槻より下流右岸のいずれかの堤防が切れれば、氾濫流は、破堤した所から右岸の市町村を順次襲いながら、淀川右岸の最下流の大阪市内（淀川区、東淀川区、西淀川区）で溜まる。浸水深は高くなる。排水機場の能力は、上流からの破堤による氾濫流まで想定していないので、排水するのに何カ月もかかることになる。態と切りにより、浸水被害の期間は大幅に縮小される。

「大正 6 年 9 月洪水　淀川右岸高槻市大塚決壊の概要」
・9 月 30 日夕方～翌 10 月 1 日早朝
　　芥川の堤防が決壊、次いで淀川右岸大塚堤防約 200m（？）決壊。
　　濁水は右岸沿いを突進、次々河川堤防を破り、淀川右岸の最下流部の稗島、大和田、福、川北、千船、西島まで延べ 24km の水没。
・福村において住民の手により、淀川本川右岸堤防 4 カ所約 140m を態と切りした。

大正 6 年（淀川右岸高槻市大塚決壊、淀川下流稗島～福村内 9 カ所を態と切り）、昭和 28 年（台風 13 号洪水、桧尾川と淀川の合流点付近切開）のいずれの洪水時も、浸水被害軽減のための重要な治水減災工法として「態と切り」を行っている。

(d)　昭和 28 年の神崎川の態と切り

「昭和 28 年 9 月台風 13 号洪水と態と切り 3 カ所の概要」
・9 月 24 日、芥川決壊、富田町三箇牧村、味生村約 1,700ha 浸水、9 月 26 日、味生村民が神崎川右岸堤防を態と切り。
・9 月 24 日、桧尾川決壊、高槻市約 480ha、20 日間浸水、9 月 28 日、桧尾川

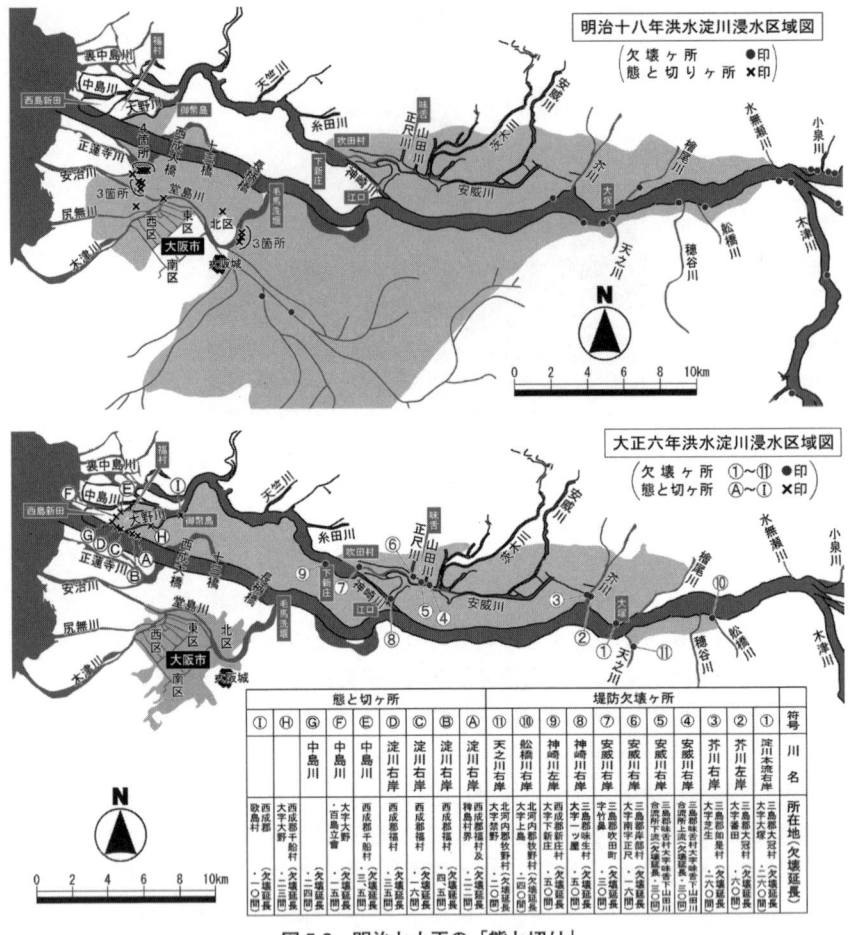

図5-9 明治と大正の「態と切り」

と淀川合流点から200m上流淀川右岸を約30m態と切り。
・9月24日、桂川および小畑川決壊浸水120ha。
・9月24日、宇治川破堤、2,880ha浸水25日間水びたし、9月28日、宇治川堤の宇治川水門を爆破。
・台風13号洪水により大阪府下、床上、床下浸水16万戸。

敏速瞬時にして間違いない決断。

「神崎川右岸堤防・態と切りの顛末」
　大阪府三島郡味生村が、神崎川右岸堤防を独断で切る（昭和28年9月26日）。

大正6年大洪水が1カ月以上も溜まって水田を全滅させたという経験が生んだ村民の必死の智恵であった。村長は副知事に陳情したが許可されず。これより他に村を救う道なしと府の正式許可を待たず、独断切開き作業を始めた。村民の死活上やむを得ぬ最後の手段だったという。これに対し、対岸の淀川区江口町付近の住民が反対、「切る」「切らさぬ」で両岸住民が争い険悪な空気となった。

府の広長土木部長らは現地を視察し、味生村関係者と協議し、「大阪市側が危ないと府が判断したとき、府の措置に従う」との条件で切開工事の続行を許した形となった。広長部長は、「あの切迫した空気の中で切開作業を止める。止めないと争っていたのでは、必ず流血騒ぎになると思った。また、一度切開しかけた堤防を埋めさせたところで元通りにならない」。

やり始めたことに対する後始末は村に責任をとってもらう。切開作業を認めたわけでは絶対にない。独断切開は河川法違反。今後、勝手にやってよいということならば、上流から下流に一貫した河川管理ができない。府が切るにしても簡単に切れるものではない。府側としては、右岸堤防切開きに対し、左岸堤防の補強工事を徹夜で実施した。補強工事は、河岸に"だん杭"を三列に埋め、さらに万全を期し捨て石も行った。

以上の経緯からも指摘できることは、河川管理者として、不幸にして、破堤に至った場合、堤内地の氾濫水を再び河川へ導くため、どの場所の堤防を「切った方がよいのか、切らない方がよいのか」速やかに決断をしなければならない。切った場合、対岸の堤防は大丈夫か、下流への影響はどの程度か、次の出水の予測はどうか、逆流の可能性はないか、切らなかったら水が引くまでに必要な日数はどのくらいか等々、実に難しい決断が求められている。

淀川の枚方より、下流左岸のいずれかの堤防が切れれば、右岸と同様、氾濫流は左岸の最下流の大阪市内の中心部で何日も溜まることとなる。態と切りは、淀川の下流域の地形特性と淀川の洪水特性を考えた場合、浸水被害軽減工法として、極めて有効で合理的な工法である。淀川下流部の破堤は最近50年余、生起していないが、治水の安全度が上がったからというよりは、たまたまそのような大豪雨が生じなかっただけである。災害の宿命の地形条件等の構造は一切変わっていない。最近の異常気象によって、洪水災害の危険度はかえって増してきている。

このような緊急避難的な水害軽減工法を使わないためには、上流ダム群における洪水調節、流域内での総合治水対策の推進、堤防の強化・維持管理の充実、水防活動の強化など地道な努力を積み重ねる以外に道はないのである。しかし、それを超える洪水が生じた場合、態と切りの減災工法を熟知した対応を考えておく必要がある。

（5）"態と切り"の必要性はこれからも続く

　昭和22年（1947）のカスリーン台風（**写真5-8**）により、利根川の堤防が決壊した時、上流からの氾濫水を東京に入れないように、江戸川の堤防の切開が計画され、**GHQ**の下で堤防の爆破等が行われたが、その施工途中に桜堤が切れて、氾濫流はとうとう東京に入り、一挙に被害は拡大してしまった。現在、淀川の流域委員会でダムは中止し、堤防を強化し、切れない堤防をつくればよいと主張されている人がいるが、堤防というものは、洪水による水害被害を軽減するための構造物である。水害の被害を軽減するための堤防だが、不幸にして堤防が破堤したときは、"態と切り"と称して人工的に堤防を切開することも、また重要な工法（手段）としてある。内水災害が増加傾向にある現状を考えると、今後、堤防を切り開くことが有効な場合が何度も生起することが考えられる。

　また「大塚切れ」やカスリーン台風の時の江戸川の堤防切開のように、水害被害の軽減のため、一方、破堤によって外水が堤内地（市街地）へ流入した場合には、人為的な堤防切りが極めて重要な手段なのである。洪水による被害を少しでも軽減するためには、堤防が決壊すれば、できるだけすみやかに破堤箇所は修復しなければならない。

写真5-8　カスリーン台風（昭和22年9月）

「態と切れ」の極意のポイントは、
① 　堤外地の水位が堤内地の水位より下がった時にさっさと堤防を切る。
② 　切る場所は、堤内地の浸水区域の、内水および決壊により浸入した外水がほとんど捌ける位置を選定する。
③ 　堤内地の内水および決壊により浸入した外水の排水が終われば、さっさと切り開いた堤防を盛り直して修復する。

- 次の洪水がいつやってくるか分からない。次の洪水時までに堤防の修復が終わっていなければ、そこから洪水が入り、人災となる。
- 感潮区間であった場合、次の満潮や高潮で海水が逆流して堤内地に入ってくる。

　日本の河川の洪水特性（洪水継続時間が短い）と日本の河川の多くが天井川であるという特性から、堤防切りが有効な状況は今後も生じてくるものと考えられる。先人から受け継いできた、非常に深い「土堤の原則」の知恵をかみしめてほしいと思う。

　堤防の法面にベタベタ膏薬のように何かを貼って堤防強化をすれば、切れない堤防となり破堤の輪廻から脱却できるとの主張は、堤防は洪水被害抑制のため、人為的堤防切りが必要であったという歴史的事実、さらに切れない堤防など技術的にほとんど実現可能性がないという2点において、暴論と言わざるを得ない。大自然の営力・大自然の脅威に対し、もっと謙虚に学ぶことが求められている。

5.5　堤防は頑丈なものか、信頼できるのか

(1)　堤防は揺れるとどうなる

(a)　堤防はよく揺れる。弛みの蓄積

　平成6年10月4日のM8.1の巨大地震・北海道東方沖地震では、釧路では震度6を記録し、釧路港を中心とする釧路の町では住家2,042戸をはじめ大変な地震被害を受けた。釧路港の沖合約9km四方の海底では、太平洋炭鉱の釧路炭田で採炭作業が行われていた。当時坑道内で作業中の約400人に対し、19項目のアンケートが行われた。その結果によると、揺れを感じなかった人がかなり多かった。列車がトンネルに入った時のような音を聞いた人がいる。同じ場所にいながら何も聞こえなかった人もいる。怖かったと答えた人はいなかった（図5-10）。

図5-10　釧路鉱業所の状況を伝える新聞記事

一般の常識的な感覚では、海底のトンネルは危険なような感じがするが、反対に安全であった。坑道内の振動はどれほどだったのか。体感に基づく従来の気象庁震度階級により推定すると、震度階級Ⅱ程度が妥当なところで、どれだけ大き目に推定しても、せいぜい震度Ⅲ程度がよいところである。この坑道位置は震央から約280kmの位置である。すなわち、坑道での加速度は10～20galと推定される（**図5-11**のハッチ部分）。一方、震央距離約400kmの釧路川の堤防（地点番号2）では、最大加速度は400gal以上と推定された。堤防では岩盤と比べて20～40倍震動は増幅されたこととなる（**図5-11**）。

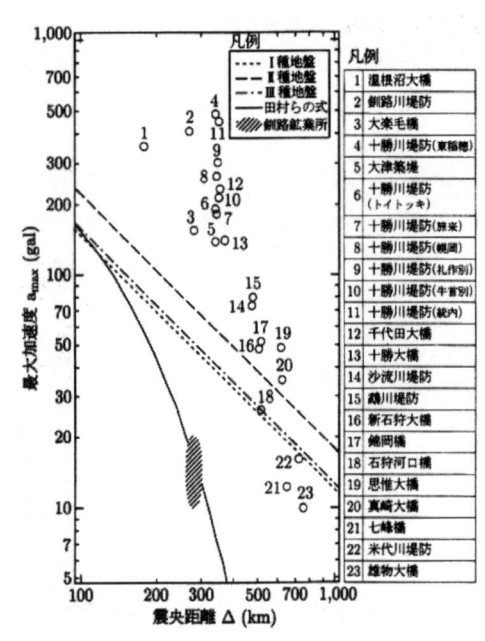

図5-11　最大加速度の距離減衰

また、阪神・淡路大震災時、新幹線の新神戸駅から生田川を約1kmくらい遡った所に、日本で一番古いコンクリートダムとして有名な布引五本松ダムがある。布引五本松ダムは、ほとんど被害らしい損傷を受けなかった。その他、神戸市街地から至近距離（1～2km程度）には、烏原ダムや天王ダムも位置しているが、これらのダムもほとんど被害を受けなかった。

これらの2つの事象は、地盤条件によって地震の震動が大きく変わることを意味している。地震の振動は第三紀層より古い岩盤ではあまり揺れないが、第三紀層から第四紀層の洪積層に振動が伝わると、数倍に震動は増幅される。さらに洪積層から沖積層に震動が伝わると、さらにまた数倍に震動は増幅される。沖積層の上部に凸起状に築堤された土堤は、さらに震動は大きく何倍も増幅されるということとなる（**図5-12、図5-13**）。

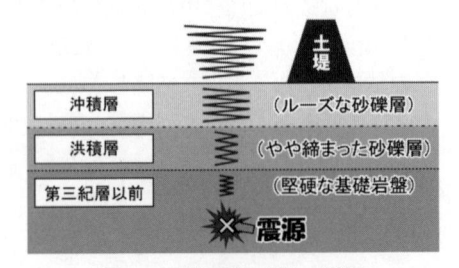

図5-12　地震動・揺れの増幅

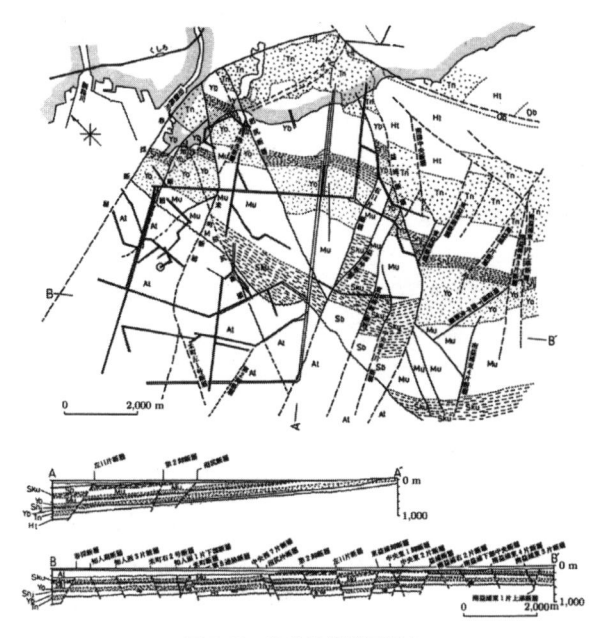

図 5-13　海底地域地層層序

　震源から同じ距離にある構造物でも、その構造物の基礎が深く、第三紀層に岩着していると揺れは大したことはないが、浅く沖積層に基礎を置いていると、何倍も増幅されて大きく揺れるということである。
　河川の堤防は、そのほとんどが河川の氾濫原の沖積層の上に突起状に築かれているので、震源から同じ距離の近傍の構造物より何倍もよく揺れることになる。地震時には、堤防はよく揺れる豆腐の上に凸状の豆腐を置いて揺らすような状態となる。揺れは何倍も増幅される。堤防は地震により岩盤と比較して20〜40倍大きく揺れることから、堤防の劣化の要因としては地震が大きいものと推測される。震度3〜4程度の地震があれば、それ以上の強い揺れとなり、堤防内部の弛みは蓄積される。堤防の劣化のスピードは、一般に考えている以上に速いと考えられる。戦時中、河川管理に手が回らなかった時期があり、終戦後、全国の河川で決壊が頻発した。このことも地震による堤防の劣化と無関係とは言えまい。
　さらに洪水時になると、堤防は水を含み柔らかくなる。堤防の天端を歩くと、長靴はドボドボと土中に入る。さらに押し寄せる洪水流を受けると堤防は揺れる。洪水で揺れる堤防天端に立てば、生きた心地がしない。早く洪水の水位が下がってくれること、破堤しないことを祈るしかない。堤防は地震で劣化するた

め、日常の維持管理によって劣化を防ぐことが重要である。また、洪水時には各種水防工法で破堤から守る必要がある。

(b) 堤防は何故、縦方向に亀裂が走るか

できるだけ破堤しない堤防を設計しようとすれば、まず、堤防決壊に至る破壊のメカニズムをよく理解しなければならない。

堤防破堤の主な要因は①越流（オーバートッピング）、②浸透（パイピング）、③侵食（エロージョン）の3つであると言われている。これを破堤の三因という。確かに、直接要因はこの三要因以外はほとんどない。しかし、破堤しやすい体質にする老化・劣化の第一は地震による亀裂の発生が挙げられる。ほとんどの堤防は沖積層の上に築造されているので、堅固な岩盤上と比較して、数10倍増幅された地震外力を受けている。

「堤の震い出し」「堤防の震い沈み」という用語が江戸時代よりあるように、地震により瞬時にして破堤する場合も決して少なくないが、ほとんどの場合、堤体には無数の亀裂を発生させる。その亀裂の方向は、堤防の断面方向はほとんどない。横断構造物、水門樋管等との接触部等に沿って亀裂が入る等の事例の他は、基本的に堤防に沿う縦亀裂がほとんどである。この縦亀裂が、堤防破堤の裏に隠れた最大の間接的な要因ではないかと考える。

何故堤防天端に深い縦亀裂が発生するのであろうか、地震時の挙動を考えればなるほどと理解されることと思う。堤防は細長い構造物であるので、堤防に沿う方向の地震動に対しては抵抗する力は大きいが、堤防断面方面には厚みがないので抵抗する力は縦方向と比較して何倍も小さい。したがって、揺れ度合は堤防方向より堤防断面方向の方が何倍も大きい（**図 5-14**）。

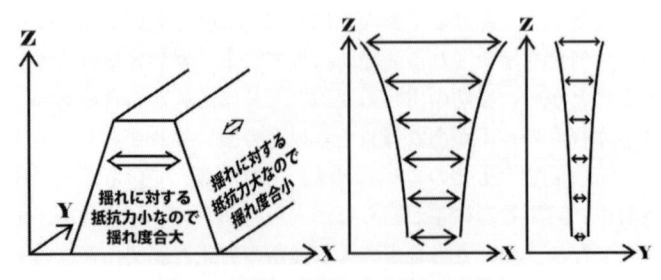

図 5-14 堤防・地震による揺れの大きさ

さらに堤防天端中央部（A）と、堤防天端の端部（B）と堤防のつけ根部（C）とでは、地形から中央部（A）は180°解放されており、180°拘束されている。天

端端部（B）は230°解放されており、約130°拘束されている。つけ根部（C）は約130°解放されており、約230°拘束されている（図5-15）。したがって地震外力を受けたとき、地形的に拘束度合の大きい方が抵抗力大ということである。

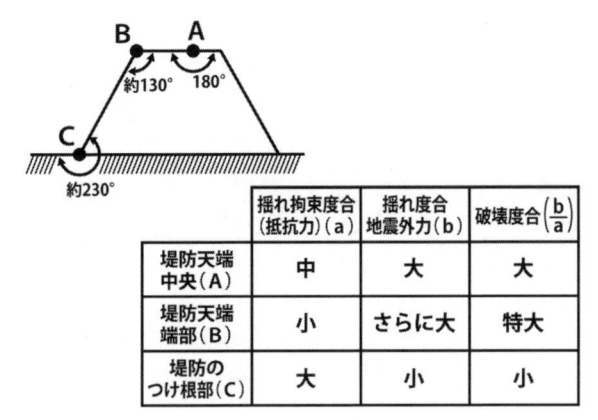

	揺れ拘束度合 (抵抗力)(a)	揺れ度合 地震外力(b)	破壊度合$\left(\dfrac{b}{a}\right)$
堤防天端 中央(A)	中	大	大
堤防天端 端部(B)	小	さらに大	特大
堤防の つけ根部(C)	大	小	小

図 5-15　堤防・天端の揺れ破壊度合

　相対的には、地震の抵抗力は（C）が大で、（A）が中で、（B）が小という順になる。一方、地震の外力の大きさは地下深部から地表に増幅しながら伝わってくるので、つけ根部（C）は小で、天端の中央部（A）は大となり、天端の端部の（B）は（A）より大きいということとなる。さらに堤防の破壊度合の大きさは地震外力（b）を抵抗力（a）で割ったもので表されるので、破壊度合の大きさは、つけ根（c）は小で天端中央部（A）は大で、天端の端部はさらに大きく特大と表現できる。天端端部は、天端中央より格段と破壊度合が大である。したがって、堤防法線方向に亀裂が入ることとなる。亀裂の大きさは下部より上部が大きく、さらに中央より端にいくほど、大きくなることとなる。

　堤防のこのような震動挙動特性を考えると、堤防の法面に挙動特性の違うものを貼り薬の膏薬のように貼ることは、一番亀裂の発生しやすい所であるので、接触部にさらに大きな間隙が生じることとなる。堤防強化のつもりが、堤防の弱点を作ることとなる。波力等の外力に対する侵食対策には効果があるとしても、どこに水みちが形成されるか分からない。浸透対策としてはマイナスの方向である。

(c)　洪水常襲地帯の堤防はよく揺れる

　甲府盆地の南部、笛吹川に北接する玉穂町は肥沃な土地で、恵まれた米所となっているが、洪水の常襲地帯である。町内を流れる、いくつかの河川が笛吹川

に合流する。大雨時には笛吹川の河床が高いため、満水になってくると笛吹川の水が逆水となり、押し寄せ、町内河川の順水とぶつかり、たちまち氾濫が起こるという宿命となっている。

この地に大地震が襲えばどうなるか。安政元年12月の地震を受け、地元から役所に出された願状に堤の「震い出し」「震い沈み」、堤定杭の「震い抜け」、水路の「共震い」等の言葉が踊っている。ここで私が着目したいのは、地震時の堤防の挙動が実によく観察されており、その挙動を示す用語ができているということである。堤防は地震時、周辺の他のものと違って、際立ってよく揺れて変状するということを観察されて、それを表す用語ができたことを意味している。平地の上に突出した、土堤というものは、周辺の地盤の何倍も大きく揺れ、大きく変状するということを教えてくれている。

(d) 堤防の基礎は極めて液状化しやすい

日本の大都市が立地する首都圏や阪神圏や中部圏の基礎地盤は、大河川がこの20～30万年で上流から砂礫を運んできて堆積してから時間の経過も短いので、いまだ十分に固結していない。関東平野や大阪平野、それに中部平野に河口を持つ河川の堤防は、そのほとんどが沖積平野を基礎地盤として、その上に築造されている。図 5-16 は、東京低地の液状化予測図である。

図 5-16 地震時決壊水害の危険性

江戸川や荒川の堤防の基礎地盤は、ほぼ全域で液状化が懸念される地域であることが分かる。液状化とは、ゆる詰めの砂層は剪断力を受けると体積を減少して、密に詰まろうとする性質をもっており、間隙が水で飽和している砂層に剪断力を繰り返し加えると、間隙水圧が上昇を続け、剪断抵抗が消失し、砂は完全な液状を呈することを言う。新潟地震や兵庫県南部地震で液状化が頻発し、多くの構造物に被害が生じた。堤防は基礎地盤の液状化だけではなく、堤防を構成している層の一部が液状化しやすい層になっている場合も多い。堤防というものは堤防本体が地震時、洪水時に極めて脆弱な体質となっているのみでなく、堤防が立地している基礎の地盤も地震時には流動化する危険性を内包している、極めて頼りないものであるということである。

（2）　堤防は、どんどん急速に劣化していく
（a）　戦後の破堤の頻発

　太平洋戦争の戦時下にあっては、軍事優先で堤防の維持管理には手がつけられなかった。その結果、終戦後しばらくの間、全国各地の堤防は小さな洪水でも破堤し、災害は頻発した。県管理の河川では堤防の維持管理などは地味な仕事で、予算規模の少ない県では除草への予算がほとんど確保されていないので除草をしない。除草していない堤防は漏水箇所があっても漏水が発見できず、水防活動もできない。漏水は破堤の極めて重要な予兆である。破堤した後、除草さえしておけば、漏水箇所も早期発見ができ、水防活動により破堤をまぬがれることができたのではないかと後悔することになる。

　直轄の河川管理と府県の河川管理とは、堤防を一見して分かる。直轄の堤防は年に何回か除草しているので、洪水時の巡視でパイピング等が見つかり、速やかに水防活動ができて大事故に至らずに済んでいる。しかし、都道府県管理の堤防は、私の知るところほとんど堤防の除草はしていない。堤防の除草をしていなければ、洪水時の堤防の巡視点検で、目視で漏水箇所や湿潤での弛み箇所等何も見つけることはできない。越流でなく破堤したので、その地点で漏水していたことが後から分かるのである。除草していないということは、ある意味では堤防は築堤したら、そのままで一切管理していないことに等しい。

（b）　「土堤は劣化する」

　堤防は構造物として、その劣化は年々着実に進む。堤防は河川の氾濫原に帯状に盛り上げた、不自然な構造物なのである。大自然は自然堤防のような微地形は造るが、万里の長城のような異様な天井川の堤防は造らない。氾濫原に不自然な突起状の盛土、大自然の営力はことあるごとに平滑化しようと働く。

① 　地震が起こる都度、盛土には亀裂が走る。堤防は基礎以上によく揺れる。堤防の高い所ほど揺れは大きいので、亀裂は天端に沿って入る。小さい亀裂から雨水等が浸潤し、凍結等を繰り返す。堤防の深部へ亀裂は進展し、堤防内も劣化・老化が進む。
② 　洪水流を受けることにより、土堤は法尻が洗掘されたり、法面が浸食されたりする。洗掘や浸食を受けた所は修復しない限りどんどん拡大して欠壊に至る。
③ 　堤防にある樹木は年々根を張り、堤防に亀裂が入る。根はどんどん張っていくが、縮まることはない。樹木が枯死すれば、根は腐り、土堤内部に弱部・新たな水道（みずみち）を形成する。
④ 　樹木が強風を受けると、根が揺すぶられ堤体内に亀裂が入り進展する。
⑤ 　樹木や雑草等の根をモグラが食う。モグラが堤体内に穴を掘る。モグラの穴は水みちとなり浸透破壊の原因となる。千丈の堤も蟻の一穴から崩壊するという諺がある。
⑥ 　堤防天端上の車両交通の繰返し荷重により堤防は劣化する。轍や凹地の形成から劣化する。
⑦ 　堤防基礎地盤は第四紀沖積層である。堤防基礎の部分のみ盛土の上載荷重を受け、圧密して不等沈下する。
⑧ 　土堤の本体部と樋門、樋管等横断構造物や表面を被覆する護岸等のコンクリート構造物とは地震時の挙動特性の相違から接触部に亀裂や隙間が生じる。
土堤部とコンクリート部とは、沈下に対する追随性の相違や地震時の震動特性の相違から亀裂や隙間が入る。「天網恢恢疎にして漏らさず」という諺がある。堤防の中のいくら小さい亀裂や隙間でも水というものは決して見逃さず、水みちとなる。堤防除草をしていないと、漏水箇所や亀裂等の早期発見ができないばかりでなく、流水や雨水による侵食防護のための芝に代って雑草がはびこることになり、堤防強度を弱めるとともに新たな水みちを造る要因ともなる。堤防は、昨年大丈夫でも今年は大丈夫かどうか分からない。どんどん劣化老化が進んでいく。大きな堤防も、わずかな小さい小さい水みちから欠壊するものである。堤防というものは、常日頃における詳細な点検と補修が欠かせない。

(c) 　**土堤の修復方法**

地震を受ければ堤防法線方向に亀裂が走る。堤防の水門や樋門、樋管等剛の構造物と軟らかい土砂部分の接触部にできる隙間は、そのまま放置すれば、その後の大洪水時には水みちとなって破堤の原因となる。補修しなくても外からは分からないが、実は人体を蝕むガン細胞のように、どんどん堤防を蝕んでとりかえし

のつかない不治の堤防となってしまう。大きなクラック部は除去して締め固めるとしても、小さなクラックまでは対応できない。

　土質材料部の亀裂については、セメントモルタル等の剛の充填材で補修すれば、軟らかな構造物の中に剛の充填物が混在する、構造物として地震時の挙動が馴染みの悪いものとなる。コンクリート被覆材と土質築堤材との接触部の亀裂についてはセメントモルタル系の充填材で補修されるが、この場合は構造物としてはより全体として剛になるが、その後地震等を受けた場合は、より亀裂が発見しにくくなる（**図 5-17**）。

図 5-17　亀裂間隙補修例

5.6　構造物としての堤防の安全性を検証（素人の知恵）

（1）　堤防・破堤のメカニズム三因

　堤防が破堤する原因は、大きく分類すると越流と浸食と浸透である。堤防は土でできているので。越流すれば破堤する。土堤に流水が勢いよく衝き当たれば浸食されて破壊する。もうひとつは、堤体に水が浸透して浸透流速が増加すれば、土粒子を流失させて崩壊に至る。破堤しない堤防を設計するには、この破堤のメカニズム三因をひとつひとつ検証することが求められている。

　越流に対しては越流しないよう、洪水位に必要な余裕高を付加して堤防高が決められる。浸食に対しては、浸食破壊しないよう、護岸工や、水勢を弱めるための水制工等が設計される。問題は、浸透水による浸透破壊と浸透による堤体のすべり破壊である。

（2）　堤防の素材の物性が分かれば堤体の安全性はコンピュータで検証できる

　堤体内の浸透係数と土粒子の性状が分かれば浸透破壊の検証ができる。また堤体材料の強度特性が分かれば、円弧すべり破壊の検証がコンピュータで簡単に計

算できる。堤体の安全性を検証するには一にも二にも、堤体を構成している材料の物性値を調査しなければならないということで、そのためにはボーリングをしなければという単純な思考が働く。

(3) 堤防にボーリングすることの意義を考える
　(a) 堤防の中身を知りたい
　淀川流域委員会では、流域の治水はいかにすべきか、ダムの役割、堤防の役割等々何度か議論されたようである。国土交通省の専門家の意見を一切封印し、一切聞かずに、さっさとダムは環境破壊だからすべて中止するとまず宣言された。そのあと、ダムによらない治水は何があるかと言えば、まず最初に考えられるのが堤防だということになったが、堤防のことはあまり分かっていなかったようである。そのため、手始めとして淀川の堤防をそこいら中でボーリングをし始めた。ボーリングの目的は、堤防の弱い所を見つけ堤防補強を検討するためだという。本当に弱部は見つかるのだろうか。
　(b) ボーリング調査法の極意は何か
　ミクロな情報からマクロな状態を推測する方法としてボーリングがある。面的に1点の調査情報から広い面全体を推測したり、立体的には1つの線上の調査情報から大きな全立体の性状を推測する調査手法がボーリングで、通常の一般的な被検体の場合には有効な手段である。
　ボーリングというものは、大地に小さい孔径の孔をあけて大地の性状を調べるための調査手法である。自然現象が造った地盤なら、一点からその周辺の性状を推定することもある程度可能である。例えば、広い大地の地面下のマクロの状態を極めてわずかな限られた数の点ないしは線の情報から推測するにはボーリングは有効である。それは、被検体としての大地は大自然がある法則に従って造ったものだから、ボーリングで得られたデータをその大地の法則により解釈しながら全体を推測していくという演繹的な手法なのである。
　(c) 堤防の実態は
　堤防の中身はどうなっているのか。実はよく分かっていないということが実態である。自然地理学から見れば、かつての自然堤防地形の所を拠り所として、その後、破堤と築堤の輪廻の長い歴史を経て現在の高い万里の長城のような地形ができてきた。堤防の基礎は、かつての氾濫原で旧河道であったり、後背湿地であったりするが、そのほとんどは河川氾濫原の砂層や砂礫層や泥混層である。
　しかし、堤防は大自然が造ったものでなく、人間が破堤のたびに緊急に手当たり次第で入手できるもので積み上げていったものの結果であって、いつ、誰が、

どんな材料でどのような施工法で、どれくらいの規模で盛り立てたのか分からないのである。堤防築堤の経緯から考えても、1点の性状が分かってもすぐ隣接する所の性状は全く把握できない。全く異なるのである。したがって、点の情報から面の状態を推測する手がかりがない。線の情報から立体全体の状態を推測する手がかりはない。

それならば、もっと密にボーリングすればよいではないかという論理があるかもしれない。しかし、ボーリングは大変金がかかることと、いくらボーリング密度を細かくしても、結局、その直ぐ近傍は分からないという本質は変わらない。ボーリングすることにより堤体を傷つけ、新たな弱点を作るというマイナス面も決して小さくはない。

(d) 盛土部をボーリングすればどうなるか

ボーリングは掘進メカニズムにより、大きく分けて、2つの種類に分類される。

ひとつはパーカッション方式、すなわち大地の岩を局所的に叩き壊して穴を開けていく方式で、この場合にはコアサンプルは採取できない。粉々にくだけたものから、元の地質を類推するもので、本当にアバウトなことしか分からない。また、穴ができてから、穴を利用した透水試験により地質状況等を推察する。この場合も岩屑がクラックの目づまりとなり、良い透水試験は行えない。

もうひとつはロータリー方式である。ダイヤモンドカッターを回転させながら、切れ目を入れていく方式であり、原理的にはコア採集が可能だが、沖積層のような、固結度の低い砂礫層ではボーリングの刃先が礫にぶつかり、軟らかい固結度の低い結合材の部分が破壊され砂礫がゴロゴロ回転し、堆積状況を観察できるようなコアの採取は難しい。堤防の盛土は沖積層よりもさらにルーズで全く固結していないので、沖積層のボーリングの比ではない。一番サンプリングが難しくてコアサンプリングができない場合が多い。堤防内部の性状を知る方法として、ボーリングは限界があることを十分認識しないといけない。

堤防の性状把握のためにコアサンプリングの高価なボーリングをすることによって、何が得られるかを、今一度よく考える必要がある。砂礫の盛土のボーリングは軟らかいので簡単だと思われるが、コアの採取は実は大変難しい。

(e) 結局ボーリング調査で何を知りたかったのか

堤体ボーリングで何を期待したのであろうか。図 5-18 は、堤防の断面図の土質性状図である。これはおそらく、仮締切り工事などでたまたま、堤防断面がゆっくり観察スケッチすることができた、ごく稀な事例である。

堤体ボーリングで、このような盛土の性状は絶対に把握はできない。堤体基礎地盤である沖積層の性状の把握を目的とするボーリングということなら、分から

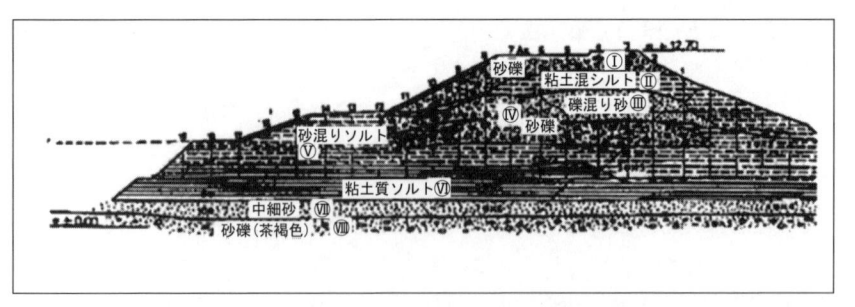

図 5-18 堤防開削調査により明らかにされた堤体の土質構成の例

ないわけではない。大自然が造った地質であり、固結度も少しはあるので、ボーリングより、ある程度のことは分かる。しかし、地盤上に盛り立てられた堤体本体の性状の把握を目的とするということなら、ボーリングでは絶対に無理である。

　堤防内部の性状が破壊メカニズムと関係するのは、堤防内部の局部のクラックや水みち等である。堤防は蟻の一穴より崩壊する。堤体内で知りたいことは、浸透破壊に関与するであろう小さなクラックや水みちである。堤防は周辺地域で震度2とか3の地震でも、堤体本体は震度4以上の揺れを繰り返しているのであり、堤体内はガサガサでクラックだらけなのである。知りたいクラックや水みち等、破壊に直結するミクロな情報は堤防ボーリングでは得られない。

　そもそも土の強度は締め固まった状態で強度がある。ボーリングでは締め固まった状態のものは採集（コアサンプリング）できない。締め固められたものをバラバラに壊さなければボーリングできない。N値（突き固め度合を測る）等で把握できるというが、それは局所的な値で全体を推測できるようなものではない。堤防のマクロの透水性を知るために、ミクロな点の情報を知りたいということでボーリング坑を利用して原位置で透水試験をするという。ボーリングは1点で局所的で全体把握には適さない。堤防は地震のたびにガサガサになっており、わずかなクラック（水みち）が局部的なパイピングを起こし、いずれ堤体の破壊につながる。原位置で透水試験したら新たな水みちを造ることにつながり、堤防の弱点を作るようなものであり、危険性が増す場合もある。

　地震のたびに水門とか樋管とかの堤防内に埋設されているコンクリート構造物との境界は、剛なものと柔なものとの震動特性の相違から、間隙はどんどん広がっていっている。堤防のマクロの透水係数を知るために1～2本程度ボーリングするならまだ分からないではないが、堤防補強の検討のために系統的にボーリングをすることは、なんたる愚かなことか。クラックや水みち等の形成を助長

し、結果として堤防のパイピングによる破壊を導く可能性すらある。
(f) 堤防定規でおよそ分かる安全性評価
　堤防内の土質性状は破堤した断面で知ることができる。また、堤防内に樋管等を埋設する場合にトレンチすることにより知ることができる。どうしても知りたければ、ピットを掘って側壁を観察することである。しかし、そんなに無理をして1点の状況を知っても、すぐ隣接する所は性状が違う。
　堤防の破壊の三因は越流と浸透と浸食である。三因のそれぞれの破壊メカニズムを考えてみる。越流による破壊のメカニズムは、河川水位が堤防天端高より高ければ越流するということなので、堤防内部の性状とは関係ない。浸食による崩壊のメカニズムは、流水圧や波力が堤防表面を浸食することから始まるので、表法面の護岸の有無と流水の水勢を弱める水制工等の有無との関係であり、堤防内部の性状とは関係がない。したがって、越流と浸食破壊のメカニズムは共に堤防内部の物理的性状とは関係がないので、ボーリングには関係がない。
　問題は浸透破壊である。堤体基礎地盤の透水性は完全に遮蔽されているという条件の下では、堤防内部の盛土の透水性状によって左右される破壊を考えれば、盛土材料が自然に存在する砂礫材料等で築造されている限り、その透水性状にはおのずから範囲がある。パイピング破壊の局所動水勾配もマクロの堤防定規を満たしていれば、基本的には安定性は満足する。すべり安定性検討についても、マクロの堤防定規を満たしていれば、基本的には安定性は満足する。これが永年の経験工学で積み重ねてきた先人の深い知恵なのである。
　堤防は少しのクラックの水みちから破堤するのである。マクロの堤防定規で管理する先人からの知恵をよく学ばなければならない。堤防ボーリングで把握できるような情報によって安全性評価の精度を上げることはできない。
(g) 洪水時の堤防は半液状化が最大の課題
　浸透破壊の問題は、堤体本体の浸透性状のみではない。基礎地盤の浸透性が堤体に及ぼす影響である。本章5.7で詳述するが、基礎地盤から堤体にかかる揚圧力が分散した形で堤体土粒子に水圧がかかる。このことにより、洪水時の堤体内部の湿潤線は大幅に押し上げられ、浸潤線以下は飽和度100%となり、強度が大幅に低下する。また、浸潤線の地下水位以上でも、降雨等により、堤防の土質は相当湿潤しており、こちらも強度は大幅に低下する。そこに洪水の水圧が波状にかかると、土粒子の結合が壊され、半液状化の様態となる。この状態で浸透破壊が起こる。また、すべり破壊も生じる。
　洪水時の堤体内の強度の大幅な低下は基礎地盤の砂層、粘性土層の互層の性状や、高水敷部のブランケットの性状、表法面の護岸工の度合等、浸透路長によ

り異なってくる。洪水時における堤防の強度の大幅低下をどのように把握するかが大問題である。堤防材料が湿潤し、浮力がかかる状態になれば強度は大幅に低下する。どれだけ落ちるか調査することは重要なテーマであるが、ボーリング調査とは関係がない。堤防の安定性・安全性を評価検証するための情報をボーリング調査によって得ることはできないのである。

5.7 堤防の破堤のメカニズム・真因（玄人の眼識）

(1) 堤防洪水時の性状

　天気の良い日、堤防上を歩けば実に快適である。広い河川敷を片方に見て、もう一方の側に人家屋根を下に見て、川風を受けて、気分は実に爽快である。しかし、いったん豪雨、洪水時ともなり、高水位近く水位が上がったときの堤防は違う。長靴がドボドボとめり込むことがある。また押し寄せてくる洪水の激流を持ちこたえているとき、堤防は揺れていることを感じる。

　堤防は土質材料でできている。土質材料は水を含有すると性質は一変する。洪水時、土堤は地下水で湿潤し飽和してくると土壌の力学特性は急変する。土質材料は飽和度が80％近くになると、土壌の強度は急激に低下する。また、土の透水性も通常時と比較して数倍も大きくなる。

　昭和58年8月、台風5号6号のアベック台風が日本列島を駆け抜けたとき、山梨県石和町の金川右岸の堤防点検巡視中の消防団員2人が、足元の堤防が突然崩れ、川に転落した。堤防の天端は歩行に耐えるように見えても、すぐ下の堤体はブヨブヨで人の重みが加わっただけで崩れ落ちるほどになっていたということである。

　こんなにも頼りのない構造物に、堤防補強と称して表面をアスファルトなどで覆って、いかなる洪水でも越流すれども破堤せずと言っている。基盤が脆弱だから、堤防にベタベタ膏薬を貼ったような対策など、屁のつっぱりにもならない。「越流すれども破堤せず」というのは幻である。過去、絶対に破堤してほしくないということで、知恵を結集してきた土堰堤（アースダム）も、越流すれば必ず破堤する。これは、世界のダム技術者の常識である。

　切れない土堰堤を作るには、スーパー堤防か巨大な洪水吐（想定される最大流量）しかないだろう。堤防とはどのような性状のものか、少し謙虚に先人の知恵を聞いてみればこんな軽はずみな言葉が出てくるはずがない。大自然の営力はそんなまやかしで克服できるほど、小さなものではない。

5. 切れない堤防の幻　69

（2）「お百姓さんの観察力と洞察力に学ぶ」「川除口伝書」の伝言

（a）丈夫な堤防も波の上の船の如し——お百姓さんの観察眼と洞察力に学べ

　富士川の支流・笛吹川の旧河道沿いの笛吹市石和町に八田家書院がある。中世豪族・八田家の御朱印屋敷に附属する別棟書院である。そこの八田家文書の中に『川除口伝書』と書かれた古文書がある。奥付に元文6年（1741）辛酉年正月と記されている。

　内容は13項目からなり、多くの消去、修正、加筆がある。全20頁の書き止め帳である。幕府が治水工事費の膨張による財政上の負担の増大に対応するため、甲州に伝わる信玄堤等防河法の中に、治水費削減の智恵はないかを模索したものである。元文元年（1736）9月当時、治水取締りをしていた勘定吟味役、井澤弥惣兵衛より甲州代官へ、大治水工事によって築く堤防が破れる理由と甲州での古来の築堤の方法を調査して、提出せよとの通達が出された。その返答書として取りまとめられたものが『川除口伝書』と考えられている。

　その中に、当時のお百姓さんの大変素晴らしい観察眼と洞察力をうかがわせる文節がある。洪水時に堤防に作用する水の力を「上水（うわみず）」と「下水（したみず）」に分けている。上水は、堤防構築の基盤となる地形より上を流れる水である。下水は、堤防の基盤の地中を流れる水をいう。

　山沢の急流河川では、上水によって堤防は破堤するが、平地の河川では上水によって破堤することはほとんどない。洪水の満水時、堤防は下水によって破堤する。どんなに堤防の馬踏みを踏み固めても、竹林や大木が茂っていても、堤防下の下水により掘られ、防ぎにならない。「頑丈な堤防も波の上の船の如し」と記されている。しからばどうするのか。①一番の基本は川幅を広くとる、②上水除けとして堤防は造るが、小堤で間に合わせる、③堤防と川の間は竹林の御林を繁茂させる。御林と川面の部分に棚牛（水制工の一種）を入れて、御林の欠け込むのを防ぐようにする。上水はゴミを持ち込むので、御林もよく茂る。ここで激流の水勢を殺す。

　以上、『川除口伝書』の要点を記したように、フランスのブジェイダムの崩壊でダム堤体に揚圧力が働くことに気がついたよりも約150年以上前に、堤体に揚圧力が働いていることに気づいていたのである。堤体に揚圧力がかかり浮いている様を、「頑丈な堤防も波の上の船の如し」と表現している。また、平地における堤防の破堤は、地盤の浸透水（下水）による破壊であり、堤体の浸透や浸食（上水）によるものではないと断じ切っている。洪水時、満水時における堤防破壊のメカニズムを、ものの見事に解き明かしているのである。

(3) 堰堤の設計における揚圧力の発見

　1895 年はダムの設計技術の革命の年となった。ダム技術の最先端を進んでいたフランスのブジェイダムが初期洪水の処女水位で崩壊したのである。その直接原因が揚圧力であることが分かったのである。ランキン教授の揚圧力の原理の考え方が実証されたのである（図 5-19）。

　それを受けフランスのモーリス・レビーは、基礎岩盤面で上流端において全水圧、下流端において 0 となる上向きの揚圧力分布を導入した設計を提唱したのである。これは近代ダムの設計法の革命であった。これまでは、貯水池の水圧の静水圧と

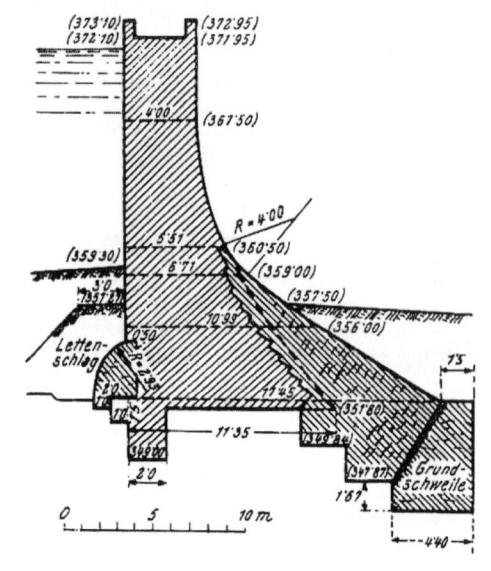

図 5-19　改造後の Bouzey ダムの横断面－ 1877 〜 82 年建設、1895 年決壊

それに抵抗する堤体の自重 G と岩盤と接触面の剪断抵抗 τ との関係で設計してきたものに対し、新たに、岩着面から上向きに働く揚圧力 U を考慮しなければならないことを教えてくれた、まさにダム設計論の革命であった（図 5-20）。

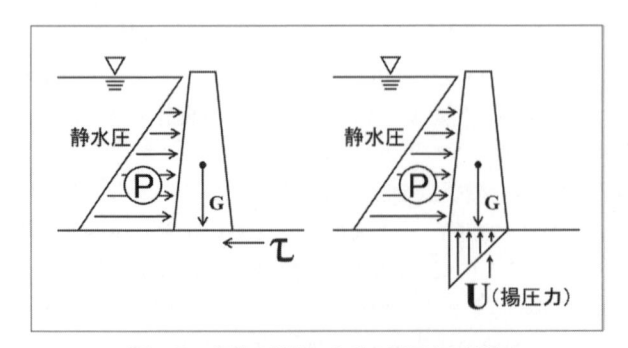

図 5-20　堰堤の設計における揚圧力の発見

　アースダム（土堤）の場合、揚圧力は、バラバラな土質材料ひとつひとつに分散してかかるということになる。

（4） 何故、堤防は HWL でかくも脆弱なのか

　私はこれまで、河川の堤防で不思議で仕方ないことがあった。それは、通常は頑丈そのものの堤防が、洪水時 HWL 近くになるとなぜ長靴がめり込むほど軟弱になるのであろうか？　また、洪水が激突する流れを堤防が受けるとブルブル震えるのが、不思議でならなかった。このことを、かつて洪水の非常事態で身をもって体験しただけに、この不思議な現象をどう理解すればよいのかは長年私を悩ましてきた課題であった。

　これを見事に解いてくれたのが、土堰堤の権威元日本大ダム会議会長の大根義男博士の説である。

(a)　100％不透水性地盤の場合

　堤体内の浸潤線は、均一型アースダムで見られるようなキャサグランデの浸透理論により表現される。すなわち、河川水位が上昇すれば、上昇分だけ浸潤線も上昇し、浸出位置も高くなる。このため、浸出面付近では小規模なすべり破壊が発生し、いったん破壊すれば流線がその部分に集中し、大規模破壊の誘因となることがある。浸潤線が上昇すれば崩壊の危険性は一層増すこととなる（図 5-21）。

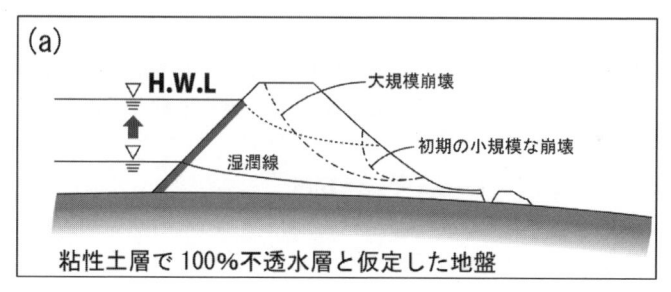

図 5-21　100％不透水性地盤の場合

(b)　一般の地盤（ある程度の透水性がある場合）

　河川水位が低い場合、河川からの浸透水は地盤を通して堤内地に排出され、浸透水の有する圧力はその時点で解放され減少する。河川水位が上昇した場合の堤体内の浸潤線の変化を図 5-22 に示す。

①　河川水位が低い場合、浸透水は地盤内を流動し、浸潤線はわずかに堤内にかかる。
②　水位が上昇した場合、100％不透水性地盤とした場合の浸潤線。
③　水位が上昇した場合、ある程度の透水性がある地盤の場合、基礎地盤より浸透水が供給され浸潤線が②の場合よりも大幅に上昇する。河川内水位と同

程度またはこれに近い水位が生起するものと推測される。結果として、上載荷重の小さい堤内外において、浸透水は噴出することになる。この現象がガマの形成で、ボイリング現象またはパイピングである、ボイリングが生じた場合、地盤内の流速は大となり、土粒子は流亡することとなり、河川堤防の裏法面には随所にガマが発生する。このことは堤体内の浸食を助長するもので、近い将来、堤体は沈下、致命的な崩壊の誘因となる。

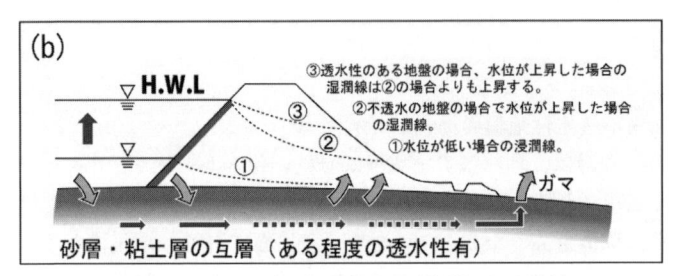

図 5-22　一般の地盤（ある程度の透水性がある場合）

(c)　ある限られた区間で大きな水位差を持ちこたえる構造物とは（図 5-23）
① 不透水・均一な塊の場合
　　底面に上向きの巨大な揚圧力がかかる。水平方向は三角形分布の静水圧がかかる。それに抵抗できるには、揚圧力に勝る重量と静水圧に勝る剪断抵抗力が必要となる。
② ある程度の透水性のある粒子の集合体
　　水平方向の静水圧条件は①の場合と同じ。垂直方向の①の場合の揚圧力が、各粒子それぞれにかかる間隙水圧として分散した形となる。それに抵抗するのは、粒子間の結合力と浮力で小さくなった重力ということになる。少しの水圧荷重の変化を粒子にかけると粒子間の結合は壊れる。すると液状化

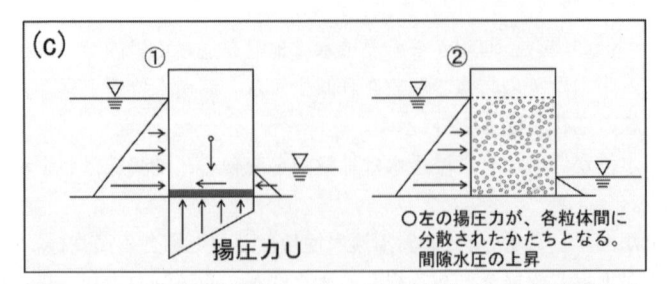

図 5-23　ある限られた区間で大きな水位差を持ちこたえる構造物とは

することとなる。「砂上の楼閣」とは頼りにならないもの、また、すぐに壊れる運命にあるもののことである。河川の堤防とは砂上の楼閣で水平方向の巨大水圧と上向きの水圧（揚圧力の分散したもの）に抵抗しようとするものである。これまでの先人が慎重に一歩ずつ実績を重ねてきた高さ（7～8mぐらいか？）以上の堤防は未知の世界であり、できるだけさし控えた方がよいということではないだろうか。

以上の堤防の弱点をカバーする構造としては、スーパー堤防以外は考えられないのではないだろうか？

5.8 危険水位と水防活動

（1） 破堤の危険性について

近藤徹元土木学会会長は、堤防の破堤の危険性すなわち堤防の信頼性について実に見事に解説しておられる。その概要を紹介したい。

HWL（計画高水位）での堤防の単位長さ（1km）当たりの信頼性 0.99 の堤防で余裕高が 2.5m ある場合、洪水位が天端高まで上昇した場合の信頼度は 0.5 まで低下すると想定すると、HWL から天端高まで直線的に信頼度が低下するとすれば、HWL を洪水位が X(cm) 超えたときの堤防の単位区間の信頼度は下記となる。

$$R_{+x} = 0.99 - (0.99-0.5) \times \frac{X}{250}$$

例えば、HWL を洪水位が 10cm 超えたときの単位区間当たりの信頼度は、

$$R_{+10} = 0.99 - (0.99-0.5) \times \frac{10}{250} = 0.97$$

すると延長 L(km) の場合の信頼度は R_{+x}^L となる。
しからば堤防単位区間当たりの信頼度 0.99 の連続堤の延長 40km の場合、
$0.99^{40} = 0.669$

堤防延長が長くなると信頼度は急激に低下する。連続堤は、延長が長くなるほど破堤の危険性が指数関数的に急激に増大する。

ダムによる洪水位の低下はたとえ微小でも、HWL 付近になると破堤回避の効果は極めて大きいことをものの見事に証明された。例えば、**図 5-24** から、40km の河川区間で HWL を 10cm 下げることができれば、信頼度 0.2 を 2 倍強の 0.4 強にまで上げることができる。

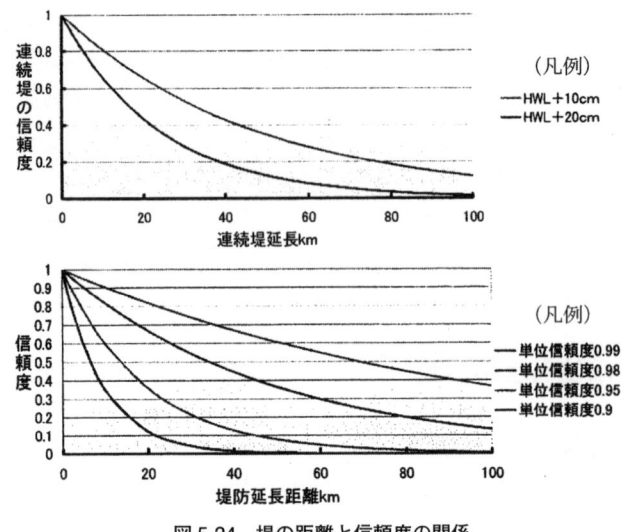

図 5-24　堤の距離と信頼度の関係

（2）　堤防・「魔の 30cm」（クリティカル・サーティ・センチ）

河川水位と堤防の安全性の関係については、これまでの長年の数多くの破堤事例や水防団の活動から、次のようなことが分かっている。

① 警戒水位以下は、部分的な洗掘程度の被害はあっても破堤とか致命的な損傷はない。

② 警戒水位から計画高水位（HWL）までは、気象状況や堤体の質の状況等より、浸透破壊等の可能性もあるので、万全な点検と水防活動が要求される。

③ HWL 以上は堤体設計としての安全性が保障されていないため、何が生起してもおかしくはない。何も起こらなければ、たまたま運が良かったという水位である。HWL 付近からは非常厳重臨界体制ということである。

このように、HWL 以上は破堤の危険性は急激に増加する。そして堤防天端高までくれば基本的に確実に破堤する。このようなことから、HWL 付近からのダムによる洪水位の低下効果は、微小であったとしても、HWL 付近からは破堤回避に非常に大きな効果を発揮する。

航空機事故は、離陸後の 3 分間と着陸前の 8 分間の計 11 分間の「クリティカル・イレブン・ミニッツ（魔の 11 分）」と呼ばれる時間帯に集中している。私は、堤防についても同じことが言えるのではないかと考える。警戒水位までは何 m かは破堤の危険性はほとんどない。警戒水位を超すと指数関数的に危険性は増す。HWL を超すと堤防設計論の想定外なので、堤防が破堤しないのが不思議とも言える。

何か特殊な条件が重なって、たまたま破堤せずに済んだという水位ゾーンである。

これまで多くの破堤で一番問題になった水位は、HWL 以下の 30cm の範囲ではないかと考える。HWL 以下の約 50cm 程度のときは漏水箇所も数は少なく、何とか対処できる範囲であろうが、HWL まであと 30cm を切ると、多くの箇所で漏水が生じ、どこが破堤してもおかしくない魔の危険水位と言うことができる。私はこの水位を、「クリティカル・サーティ・センチ（魔の 30cm）」と呼ぶこととしている。

（3） 洪水調節の効果—10 数 cm の水位低下の意味—

八ッ場ダムは洪水にもほとんど効果がないと、八ッ場ダムに反対する方々は主張する。そのひとつが利根川の治水の基準点である。八斗島で 10 数 cm しか水位は下がらないという。一方、堤防の余裕高は 2m 以上あるという。したがって、八ッ場ダムの洪水調節効果はないので八ッ場ダムの治水は無駄だという。一般の人は、余裕高 2m 以上ある所でわずか 10 数 cm しか水位が下がらないのでは、洪水調節効果はあまりないと思ってしまうだろう。果たして八ッ場ダムは洪水にあまり効かないのであろうか。

10 数 cm 水位を下げるということをもう少し考えてみよう。利根川は江戸幕府により、江戸川に流れていたものを銚子の方に本流を切り換えられた。世にいう利根川の東遷である。利根川の東遷以降 30〜40 年に一度、利根川の右岸堤防は破堤して、江戸・東京の都は水害の被害を被ってきた。宝永元年（1704）、寛保 2 年（1742）、天明 6 年（1786）、享和 2 年（1802）、弘化 3 年（1846）、明治 29 年（1896）、明治 43 年（1910）それに、一番最近の破堤が昭和 22 年（1947）のカスリーン台風である。それ以降は利根川右岸の破堤による東京大水害は確かにない（図 5-25）。

年号	西暦	年号	西暦	年号	西暦
天平宝字2年	758	弘化元年	1844	昭和22年	1947
建永元年	1206	弘化3年	1846	昭和23年	1948
寛永元年	1624	明治18年	1885	昭和24年	1949
宝永元年	1704	明治23年	1890	昭和25年	1950
享保6年	1721	明治27年	1594	昭和33年	1958
享保13年	1728	明治29年	1896	昭和34年	1959
寛保2年	1742	明治31年	1898	昭和41年	1966
安永9年	1780	明治43年	1910	昭和47年	1972
天明3年	1783	昭和10年	1935	昭和56年	1981
天明6年	1786	昭和13年	1938	昭和57年	1982
享和2年	1802	昭和16年	1941	平成10年	1998

☐ 印は江戸まで水害が及んだ洪水

図 5-25　過去の利根川の水害

図 5-26 は、1998 年以降の利根川の堤防の漏水箇所位置図である。この図からのメッセージをよくよく考えてみれば、利根川の水位を 10 数 cm 低下させることの大変大きな意義が理解できる。

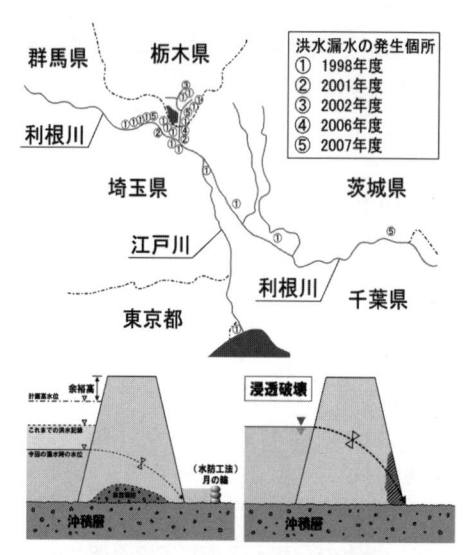

図 5-26　1998 年度以降の漏水箇所

堤防というものは、これまでの既往最高水位で破堤しなかったとしても、今回それより低い水位で裏法面に漏水箇所が発見されるということが往々にしてある。すなわち、これまで全国で既往洪水位より低い水位で堤防が破堤した事例は山ほどある。このことはどういうことなのであろうか。堤防は年々歳々、月日と共に劣化老化していくのである。

堤防というものは沖積層を基礎にして、その上に形成された自然堤防を拠り所に長年にわたり、洪水による破堤を受け、その都度何度も何度も嵩上げされて現在に至っている。

堤防の材料特性や築堤の施工管理などのデータなどは、基本的にあるわけがないのである。破堤すれば、施工管理などというよりも明日にでも来る次の洪水に備えて一刻も早く締め切らなければならないのであろう。破堤箇所の締切りは大量の土砂を一気に投入しなければ水勢を止めることはできない。大量の土砂を積んだ船を船ごと沈める等の荒技をとらなければならない場合も多い。堤防の中身についてはさっぱり分からないというのが正直なところである。また、何層にも積み上げられていて層ごとに性状が異なるのである。

そのような堤防が震度4クラスの地震動を受ければどうなるか。まず地盤の沖積層は洪積層の所より2倍以上揺れる。その上に不均質な何層にもわたり層状に積み上げられた堤防は、さらに増幅されてよく揺れることとなる。性状の異なるものが層になっているので各層で揺れが増幅され、各層で揺れ方が違うので堤防の内身はガサガサになってしまうということである。

さらに、土砂や砂礫でできている堤防にコンクリート製の樋門や樋管という構造物の所や、コンクリートで被覆されている所などは、土砂の部分とコンクリートの部分との揺れ方の相異により、接触部に隙間が生じる。すなわち水道（みずみち）ができるのである。豆腐の上に鉄塊を置いて揺さぶればどうなるかということである。

このような堤防劣化の要因を何度も受けると、どこが危険なのかなど言えないくらいそこいら中ガサガサになる。かつての洪水位記録以下でも、堤防は破堤するのは当然なのである。前回の洪水位より低い水位で漏水が発見される。直轄の河川堤防は毎年定期的に除草をしているので、洪水時の堤防パトロールや水防用の点検で漏水箇所を見つけることができる。漏水箇所が見つかると、水防団による月の輪工法による土のうが半月状に積み上げられる。一段か二段積めば浸潤勾配はやや緩やかになる（**図 5-27**）。浸潤によるパイピング破壊は止まる。このことにより浸透破壊による破堤を止めることができる。

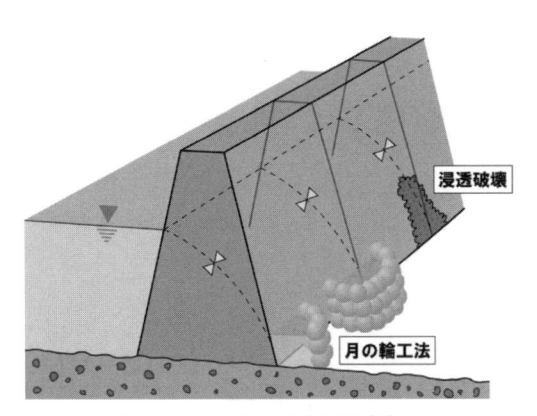

図 5-27　月の輪工法と浸透破壊

10cm や 20cm のオーダーの浸潤勾配の緩和で浸透破壊は止まるのである。浸透破壊はどこで生じるか分からないのである。延々何十 km にわたる長い利根川の堤防の左右岸どこが切れてもおかしくない。そこで、洪水位を 10 数 cm 下げ

るということは、洪水の破堤の危険性をどれだけ下げているかは計り知れない。1つの大事故が生じるまでには、多くのヒヤリハットの小さな事故が生じているという。利根川の洪水のたびにどこかで漏水箇所が見つかり、水防団による月の輪工法により破堤が免れているのである。浸透箇所の発見が遅れ、水防活動が遅れていたならば破堤していたと考えられる。

　1998年8月末の豪雨は数百mmを超え、利根川左右岸で漏水箇所が多発した。水防団の活躍により最悪の破堤は回避することができた（**図5-28**）。

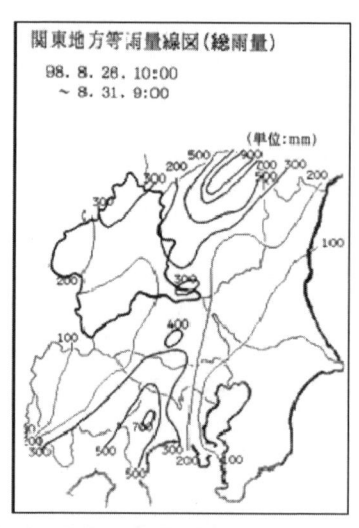

図5-28　1998年8月末豪雨時の新聞記事と関東地方等雨量線図

5.9　切れない堤防を追い求めて

(1)　「切れない堤（つつみ）」を追い求めて

　ダムは河川を横断する巨大構造物、絶対欠壊はあってはならない。世界のダム事故の原因を徹底的に調べた。日本ではダム事故は極めてまれで事例も限られていることから、全世界に対象を広げて調査することにした。

　手がかりは、「ENR」（エンジニアリング・ニュース・レコード）という月刊誌の過去100年くらいの記事内容を克明に調査することと、世界大ダム会議の過去のデータからであった。調べてみてビックリしたことは、日本は世界の中でダム事故大国に位置づけられていることである。日本ではダム事故はほとんどなかったはずではないか。どうもおかしいと世界大ダム会議の資料をよくよく調べ

てみると、農業用溜池の土堰堤（堤高 15m 以下のものが大半）の欠壊である。

日本は島国で水不足の歴史である。兵庫県、香川県、大阪府等をはじめとして、全国各地におびただしい農業用溜池が築造されてきた。溜池の堤（つつみ）は土堰堤すなわちアースダムである。これまでに日本の農業用溜池の土堰堤は、豪雨や地震等で相当な欠壊事例が報告されている。農業用土堰堤の研究者が土堰堤の欠壊事例をその原因別に統計的に処理した研究を世界大ダム会議に報告した。その結果、日本は世界で例を見ないほど多くのダム事故があった国になってしまった。農業用溜池の土堰堤の欠壊の約半数近くは越流（オーバートッピング）であり、あとの約半数近くは堤の本体か基礎の漏水（パイピング）が原因である。その次が洗掘（エロージョン）である。これが土堰堤欠壊の三因である。他の原因によるものの事故例はほとんどない。

（2） ヒューズ洪水吐の知恵

農業用溜池の土堰堤も河川の堤防も、その構造は基本的に何ら変わらない。決壊しない土堰堤造りに、ダム技術者は英知を結集してきた。越流破堤しない土堰堤を造るにはどうすればよいか、研究が重ねられた。堤体の上流面をコンクリートやアスファルトで覆うことも考えられたが、不等沈下や地震時の挙動（特性の相違）により土質材料との境界部に隙間ができ、漏水破壊の原因となった。越流水深がある程度大きくなれば、カバーコンクリートは越流水のせん断破壊力により壊れる。さらにカバーコンクリートで覆ってしまうと、その下部の土質材料の変状が分からなくなり、堤体のメンテナンスができない等、解決策にならない。

越流させないためには、どこかに洪水吐を設け、その設計容量を大きくして、決して本体を越流させないこと以外にはない。問題は、その洪水吐の設計容量をどれだけ大きくするかということである。絶対に越流することがないようにするためには、洪水吐の設計容量として、ダムサイトで考えられる最大規模の流量をとる以外にはない。

そのため、ダムサイトを中心とする地域で、これまでの既往最大洪水量の比流量の包絡曲線（クリーガー曲線）より算出される流量あるいはダムサイトの既往最大流量、あるいは 200 年確率流量のうち最大流量を、コンクリートダムの洪水吐の設計流量としている。フィルダムはさらにその 1.2 倍を設計流量とした（**図 5-29**）。土堰堤やフィルダムにおいてクリーガー曲線値の 1.2 倍を設計対象とするということは、確率で言えば 1,000 年確率以上というオーダーである。

これを上回ることは想定できそうにないが、想定できない流量でも、それを越える流量は発生する。切れない堤防を造るということは絶対に越流させないよう

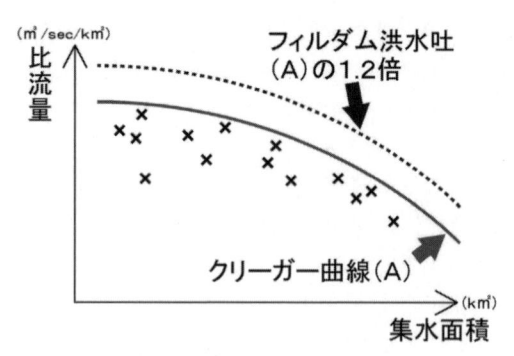

図5-29　既往最大洪水の包絡曲線

にするということであり、そのためには、想定される可能最大流量を吐ける能力のある大洪水吐を人工的に造るということなのである。

また、浸透破壊から土堤を守る知恵として、中央に浸透させないコア部・古来より「はがね」と称する粘土を中心とする難透水層が造られている。この粘土層は水を透しにくいが、粘土粒子は細粒で流出しやすいので、粒子の流出を伴わずに安全にコア部の外側に漏水を導いてやるフィルター層を造る。コア部やフィルター部は耐震強度が不足するので、さらにその外側に地震等でも壊れないよう力学的に強度を受け持つ部分として頑丈な岩塊によるロックゾーンを造る。フィルダムの設計論は、このようにして編み出された。

切れない堤防を造るということは、堤防全延長にわたりフィルダムと同じ設計思想で作り変えて、さらにその所において想定される可能最大流量からその所の河川の流下能力を差し引いた流量を河道外へ安全に導く、大洪水吐を設計することなのである。

堤防で洪水に対応しろ、さらに絶対に切れない堤防にしろということは、堤防全延長にわたりフィルダムを築造しろということを言っているのに等しい。連続的にこのような構造物を建設することは現実的（技術的にも、経済的にも）に不可能なことは、フィルダムの建設現場を一度でも見たことがあれば、容易に理解されるはずである。

（3） ハイブリッド堤（堤防に矢板シートパイルを打ち込む事）の愚か

切れない堤防は、図 5-30 のようなハイブリッド堤にしたらよいとの主張がある。

鋼矢板と築堤材料の土砂という全く剛性の異なるものが隣接すれば、地震で揺さぶられるとその接触面に隙間ができ、さらに揺さぶられると隙間は拡大し、接触面に沿う円弧すべりによる崩壊へと至る。また、鋼矢板によって地下水流動が変化し、河川から周辺地域への地下水供給がなくなる問題が生じる。

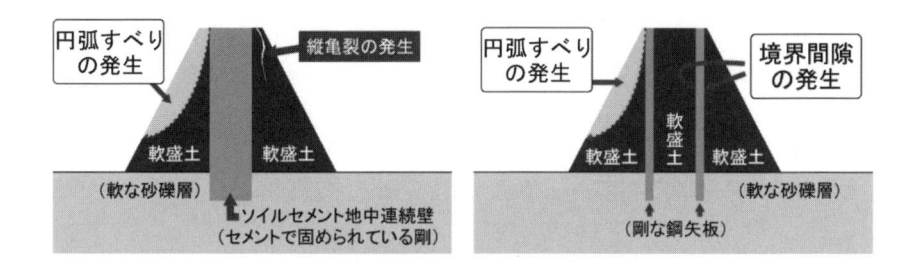

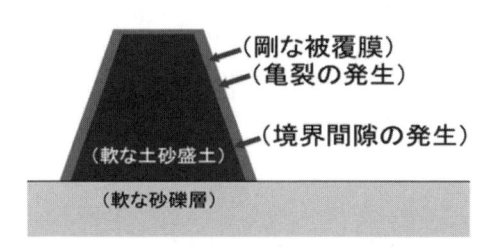

図 5-30　振動特性の異なる二物体の境界部の挙動差

また、越流しても破堤させないため、堤防の法面および天端等表面をコンクリートやアスファルト等で覆工することが提案されているようである。このような構造の堤防は、大都市部の河口部等で特殊高潮堤と称してこれまでも築堤されてきているが、高潮の特性、一部越波することを許容する現在の高潮の堤防の設計論、また現実的に資産が集まっている河口域で用地確保が難しいことを考えると、やむを得ず行っている特殊な堤防とも言えるが、河川環境面や周辺への影響を考えると、決して好ましいものとは考えられない。

5.10　堤防か、ダムか？

（1）　ダムは一点集中、堤防はゲリラ作戦
　（a）　大自然の営力に備えるマンパワー
　次はどこに豪雨が降るか分からない。どこから外敵（豪雨）が襲ってくるか分からない。また、どの河川も、どの地点もそこそこ大丈夫だと言える所はどこもない。少しまとまった雨が降れば、どこも、かしこも危険な状態になる。この次に豪雨が襲ってくる河川の流域を事前に神様が教えてくれれば、そこに重点的に兵力（職員数と予算）を配備して来たるべき敵に対して備えることができる。神様は忙しいせいか、次の豪雨を教えてくれない。どこの都道府県からもどこの市町村からも、所轄の河川は危険だから、早くどうにか予算を確保してほしいと悲愴な陳情が行われる。このため、特定の河川に整備費を集中することは難しい。
　毎年どこかで洪水で大災害を受ける。その河川だけは理由がつくので集中投資ができる。安全度が極端に低い所等に対しては、役人はどうにかしたいと思い、ない知恵を出して整備費を確保しようとするが、なかなか他の地域の人が許してくれない。限られた河川技術者のマンパワー（兵力）により、管内の河川の治水安全度を高めていかなければならない。河川事業とは、限られた財政的制約の下に治水・利水の安全度を少しずつ着実に高めていくことである。
　河川の左右岸、上下流で整備の差をつけられない。その結果常に、全体のバランスを考慮した配分が行われるため、全域が工事途中ということになる。ダムでも堤防改修でも、事業をするには地元関係者の理解をとりつける（関係市町村への説明、地権者への説明）必要があるため、それらは地区ごとにならざるを得ない。河川技術者は、限られた財政的制約の下で限られた人的資源で、少しでも治水・利水の安全度を上げるべく、その事に日夜取り組んできた。
　限られた職員数で効率的に全国の国土の安全率をどうやって高めていくのか、堤防強化は、別項で述べたように、当該地点の治水安全度を向上させるが、ダムのようにその効果が下流域全体の治水安全度の向上に寄与するものではない。ダムをやめることは、いわば、すべてゲリラ作戦で戦うベトナム戦争のようなもの。限られた兵力では疲弊してしまう。
　日本の国土の安全をおびやかす相手である大自然の営力は、巨大な地球のダイナミズムである。その相手の大自然の営力は近年、気候異変等によってどんどん勢力を増してきている。このため、河川の治水安全度の向上を全体長期計画に基づいて、その地その地で考えられる治水施設のメニュー（ダムや遊水地、堤防等）を着実に進めていくことが必要である。時間的にも財政的にも遊んでいる余

裕などない。

(b) モグラ叩き

　スーパー堤防は一点集中で、整備が行われた所だけは万全に仕上げていくという戦略である。このスーパー堤防事業は、事業仕分けでも時間がかかり過ぎるから、事業を根本から見直せとされている。我が国の洪水との闘いの歴史を踏まえれば、400年を長いと考えるかどうかは、議論があるところであろう。一方、今後の治水対策として「できるだけダムによらない治水」ということで、ダム建設は基本的に否定されている。しからば、どうすればよいのか。このような基本方針に従うと、今後の治水方策は、ソフトの対策の推進と堤防強化に依存せざるを得ない。

　少なくとも治水対策は、所定の安全度確保だけで解決できない大自然が相手の事業であり、異常洪水時における壊滅的な被害防止対策の観点からスーパー堤防の整備促進の方向は間違っていない。中止ではなく少しずつでも進めるべき事業であると考える。

　毎年どこかで破堤する。破堤しなくても、破堤直前のヒアリハットの事例が全国各地で集中豪雨があるたびに発生する。そのたびに堤防の弱点と思われる場所を堤防補強と称して、その所にペタペタ膏薬を貼っていく対症療法的なものになる。

　堤防強化を対症療法的に継続実施していくことは、堤防強化手法として技術的に確立されたものがないこと、その効果の継続性に疑問があることなど、問題があまりにも多い。膏薬は、貼った時は何かスッキリして効いたような感触はあるが、すぐに乾燥して何の効果もなくなる。そもそも骨格が骨粗鬆症でボロボロになっている。そこいら中から痛みが走り出す。今度は膏薬でなく骨つぎの添板でも添えて、包帯でグルグル巻いて痛みを和らげてしのごうかということになる。

　まるでゲリラ戦場で、どこからやってくるか分からない敵（豪雨）に備えて、モグラ叩きを未来永劫に続けていかなくてはならない。モグラ叩きは気の休む時がない。気力も体力もいる。すぐにくたびれてしまう。こちらの気力が落ちたところで、そこいら中からモグラが頭を出して、ここの人間はなんて馬鹿な者ばかりだと皆で高笑いの合唱となるだろう。

　河川の安全度を向上させるためには、堤防強化のみならず、調整池やダム建設と予測技術や避難のための情報システムなどのハード整備、これらを有効に運用するソフト整備、両面からの取り組みが必要である。

(c) 治水安全度向上戦略・ピースミール・アタックを避けよ！

　全国至る所、どこの河川、どこの地点でも時間雨量50mmとか100mmの豪雨

があれば氾濫しない河川はない。どのように治水安全度を高めていくか、戦略が重要である。孫子の兵法においても、クラウゼビッツの西欧的戦術論においても、バラバラに戦う（兵力の逐次投入、ピースミール・アタック）を避けて、「兵力の集中」方式の戦術が有効であることを説いている。

太平洋戦争のガダルカナル戦で日本軍は、しばしばピースミール・アタック戦術をとり、ことごとく失敗している。治水方策についても、ダムとかスーパー堤防とか遊水地とか、一点集中の治水方式が極めて有効であることを示唆している。

（2） 堤防は、いつまでたっても完成しない
　(a) 堤防改修はダム以上に地元用地交渉は難行

堤防改修の用地交渉は線的に長いので関係する集落が多くの町村にまたがり、数多くなる。1戸が反対すれば実現しない。堤防の隣接地まで人家が連担する地区は優良農地が多い。用地交渉は1カ所にまとまっている地域であるダムと異なり大変である。堤防天端や堤防際は道路としても利用されている。

　(b) 堤防工事は完成がない。いつも工事途次

一連区間を一気に工事をして完成堤までもっていくということは予算的制約、地元用地了解の制約から、話として分かるが現実的にはなかなか難しい。用地解決した所から着工しなければならない。長い堤防で完成した所と未完成の所が必ずできる。

洪水が襲来すれば、必ず未完成の所で越流破堤する。完成していない工事途中とはいえ、左右岸、上下流で極端に整備水準の差をつけがたい。したがって、何段階かに分けて随時嵩上げ腹付けを繰り返して、どの段階においても左右岸、上下流で極端な整備水準に差がつかないよう配慮しつつ、完成堤にこぎつけなければならない。また、円山川豊岡地区の築堤のように、基礎地盤が軟弱な場合には、盛土による周辺地区への影響も含めて、築堤した盛土の安定を待って再度盛土するといったケースもある。堤防というものは、完成堤でなくても、段階的に効果を発揮する。一方、ダムは、完成しないと効果を発揮しないという根本的な違いがある。

一連区間が完成するまでには何十年とかかる。ダム建設工期の比ではない。その間に既往最大の洪水が来る。流量改訂をしなければならなくなる。整備率はまた一挙に下がる。堤防整備は地元了解が得られた所から進む。地元了解が得られない所はいつまで経っても安全度は上がらない。一方、ダムは、完成すれば下流全川何kmにわたる左右岸両方とも洪水時に水位を着実に下げることができる。

(c) 堤防を完成させるにはダム以上の年月・時間がかかる

　20～30年経っても終わらないダム事業というが、堤防は20～30年経っても進捗しない場合もある。日本は法治国家、日本は私権が公共の権利により優位に位置づけられている。1軒でも反対すれば堤防は歯抜けとなって築堤できない。土地収用法をかけたらよいではないかと言うが、土地収用法で1戸を収用するのに10年オーダーはすぐかかる。八ッ場ダムは50数年もかかっていまだ完成していないので無駄な事業だと言われるが、用地補償基準は何年も前に決まっている。全戸470世帯のうち400世帯近くは既に移転済である。もう既にすべてが終わっている事業ということである。公共事業においては補償基準が妥結したら、もう既に完成したも同然と見なされる。

　ダムによらない治水でまず考えられるのが堤防事業である。八ッ場ダムに代わる堤防や遊水池があるとすれば、用地補償は何戸あるのであろうか。それこそ何年かかることやら。50～60年かけてどこか一連区間でも完成までもっていければよい方ではないか。

　スーパー堤防は首都圏と近畿圏の6河川で計872kmが計画されている。200年に一度の大洪水に対応する。昭和62年事業開始、事業進捗率は4半世紀経った今も5.8％約50km。このペースなら計画完了まで400年程度かかると言われている。累計事業費は既に7千億円、1km整備するのに140億円を要している。「宇宙人の襲来から身を守るような事業だ」とバッサリ事業仕分け第3弾で切り捨てられた。

(3) どちらが高くつくか

(a) 八ッ場ダムの洪水調節流量を河道で負担すれば

　例えば、八ッ場ダムの洪水調節量を下流の河道で受け持つとすれば、どれほどのことをしなければならないか。江戸川区の試算の概要を紹介したい。

　まず河道の対応策として、洪水疏通能力拡大策としての河道掘削と引堤そして堤防の嵩上げが必要となってくる。

　引堤、嵩上げという対策には用地買収に時間と多額の買収費がかかるほか、多くの鉄道および道路橋梁等の架け替えや取水施設の改築も多く伴う。すなわち、関係者が多いほど時間とコストがかかるのである。江戸川区の方で算出すると、利根川での対応として、八斗島～関宿間の引堤59.5kmで約6,200億円、関宿～利根川河口堰間の引堤104kmで約6,400億円、そして利根川河口堰～銚子間の嵩上げ18kmで400億円。

　一方、江戸川での対応としては関宿～篠崎河口堰間の引堤49kmで約6,900億

円、篠崎河口堰～河口までの嵩上げ4kmで600億円。合計で2兆500億円という莫大な事業費が必要となってくる。それにも増して、堤防嵩上げは、より危険度の高い河川にするということも忘れてはならない（図5-31）。

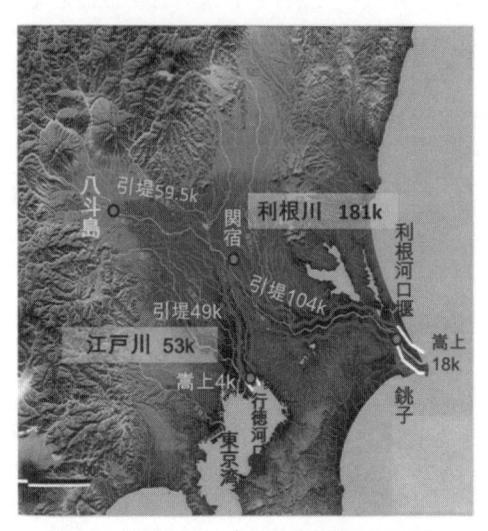

図5-31　江戸川区による洪水疏通能力拡大策

(b) 堤防の管理とダムの管理、どちらが高くつく？

　ダムの管理費には、低減のための知恵が結集されている。その結果、ゲートレスダム、オールサーチャージのダム等々の知恵が出てきた。人手のかからない貯水池運用に変更してきた結果、ダムの管理所は、通常人手をほとんど必要としなくなってきている。このような知恵の結果、ダムの管理費は大幅にかからなくなってきている。堤防と同じ管理レベルであれば、ダム管理費は決して高くはない。堤防の管理費は、草刈等手を抜きやすいが、それによるお釣りがもっと大きい。ダムによらない堤防の維持管理費で最も多額で、今後、未来永劫かかるものとしては、河床掘削等の費用がある。

　ダムは流域から供給される土砂を堆砂として捕捉する結果、河道内の堆積が抑制されてきたが、ダムがなくなれば、従前と同じように河床勾配の変曲点で大量に堆積し、河床が上昇し、流下能力が小さくなり、安全度が低下していく。その対策として、築堤と河床掘削等を営々と続けなくてはならない。流域や河川の状況により異なるが、その予算は国民にとっても、決して小さいものではない。

　現在「コンクリートから人へ」のスローガンの下に、公共事業費を大幅に減ら

し、さらに事業仕分けで河川の維持管理費も無駄のものがあるとして（？）、理由は明確ではないが、問答無用で詳細な検討もなく一律何％カットという現状である。地道な河川維持管理が河川災害軽減にとって一番重要である。
　河川のメンテナンスが効率的にできる整備方法にすることが重要であることを考えると、ダムによる整備も捨てたものではない。

5.11　先人の深い不易の知恵

（1）「土堤の原則」は大宝律令からの歴史の実証を経て来た大変深い先人の知恵
　堤防は土堤でつくるべし、と「大宝律令」の時から定められてきている。その後、河川管理施設等構造令においても「堤防は盛土により築造されるものとする」と定められている。土堤は越流すれば必ず破堤するといっていい。また、浸透破壊や洗掘にも決して強くないという弱点があることも確かなことであるが、次の理由で土堤に勝るものはないのである。理由は5つ挙げられる。
　堤防は河川の氾濫原に築造される。河道内を構成している物質はすべて上流から流送される土砂である。人々の居住している堤内地の大半はその川の氾濫がつくってきた沖積層であり、すべて土砂である。土砂以外のものを期待することは大局的に相当無理がある。①番目の理由は材料が得やすい。
　次に、上流から流送過程を経てきたものがほとんどであるので、弱い部分はすべて削られなくなっており軟質化等劣化しにくい。②番目は劣化しにくいことが挙げられる。
　次に、破堤したり洗掘されたとき、周りの堤防と同質材料なので馴染みが良く修復が容易である。③番目は修復しやすいことである。
　さらに、堤防の基礎地盤と同質材料なので一体化して馴染みが良い。④番目は基礎地盤との馴染みが良いことである。
　もうひとつ、何よりも他の材料より極めて安価である。⑤番目は経済的であることである。
　堤防「土堤の原則」は、先人の極めて深い設計哲学の知恵である。

（2）"つつみ"の語源由来から考える
　　　——"つつみ"とは土堤の原則のことを意味している
　"つつみ"は漢字でどう表記されてきたのか。漢字の概念から"つつみ"とは何かを考えてみよう。"つつみ"は17の漢字で表現されている。
　［坂］つつみ・・・よじ登る意があり、坂とはよじ登るような急坂をいう。坂

　　　　　　　は堤防を築いた所や、山際の坂道をいう。
［阪］つつみ・・・神的構造を持つ高台に設けられている坂を阪という。
［坡］つつみ・・・うねうねと続く坂、土を盛って ⌒∩ 状に築いた土手
［陂］つつみ・・・うねうねとした聖域にある坂、つつみに囲まれた中の水の
　　　　　　　溜まった所
［苞］つつみ＊・・竹の苞するが如く、松の茂るが如し
［埒］つつみ・・・小さな土垣
［堤］つつみ・・・まっすぐに横にのびるつつみ
［隄］つつみ・・・聖所を守る所の、まっすぐな堤
［堡］つつみ・・・土塁をもって防衛する高土
［墳］つつみ・・・土を盛りあげた墓
［塘］つつみ・・・池のつつみ
［垻］つつみ・・・川をせきとめる堤防
［埂］つつみ・・・田畑の境あぜのつつみ
［壔］つつみ・・・うねうねした長い土手
［壩］つつみ・・・川の水をせきとめる土手
［圩］つつみ・・・低い田地の周囲に土を盛り上げ、外の水を防ぐつつみ
　　　　　　　圩田（かでん）・・・日本の輪中にあたるもの
［隝］つつみ・・・水をせきとめる堤防

＊ある物を別のもので覆ったり囲んだりすることで、その語源は苞（ツト）の義で、アブラガヤ、ムシログサ（ヒルムシロの方言）で魚肉などを包んだものをいう。

以上の17の"つつみ"の漢字を分類整理すると、**図5-32**のようになる。
　しからば大和のことばの"つつみ"の意味は何を意味しているのか。つつみ（堤）とは土手・堤防のことである。この語の出自は古く『万葉集』（8世紀後半）に「小山田の池の堤に刺す柳、成りも成らずも、汝と二人はも」などいくつか見うけられる。
　語源として3説がある。①ツチツミ（土積）の義説（日本釈名・和訓栞 etc）、②ツミ（積）の畳頭語、すなわちツミツミが短くなったという積説（日本古語大辞典）もあるが、おそらく、③動詞ツツム（包む）の連用形が名詞化した語で包むものを意味する。包（つつみ）の義務の3説であると考えられる。大和言葉の3説の奥義のこころは1つである。
　すなわち、水が溢れないように包むところからツツミ（包）の義が生まれたも

のであろう。大和言葉の"つつみ"は土で積み、徐々に積み重ねてつくる。水を溢れないように包むものである。"つつみ"の語源のこころはまさに、「土堤の原則」のことを言っている。

漢字は、"つつみ"の概念をものの見事に仕分け表現している。大和言葉は"つつみ"の概念の"こころ"をものの見事に表現している。

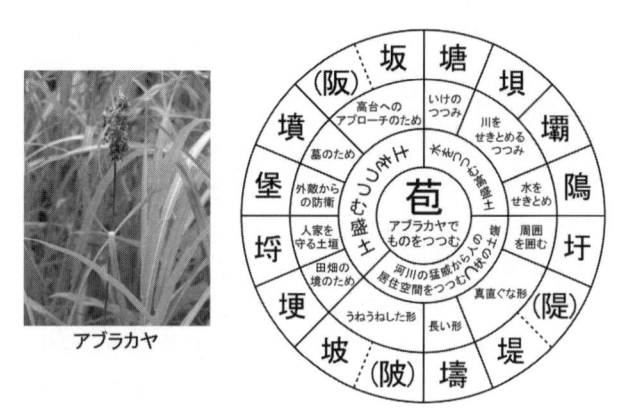

図5-32 "つつみ"とは∩状に土をつつむもの

(3) 先人の堤防定規の知恵

我々の先輩の河川技術者は、一刻を争う緊急対策として破堤箇所を締め切り、堤内地に溜まった水を排水し、床上浸水等の被害の状態を解放させなければならない。十分な施工管理もできない状態で堤防復旧しなければならない。良質な築堤材料を吟味して築堤しておれない状況に対し、信頼できる堤防をどのようにして造るか。それを考えたのが「堤防定規」の知恵である。天端幅、勾配、小段幅等のマクロな諸元を遵守して築堤すれば、少なくてもミクロの性状がよく分からなくてもマクロのトータル安全性を確保している。

(4) 加藤清正の治水五訓

(a) 清正の独創・十の治水の知恵

加藤清正は、肥後に天正16年（1588）に入国し、数々の偉業を成し遂げ熊本の礎を築き、清正公さんと呼ばれ県民最大の英雄とあがめられている。その偉業の最大のもののひとつが治水事業である。入国以来県内各地の河川改修、新田開発に大きな実績を残している。しかも自ら陣頭指揮して工事にあたり、清正独特の多くの治水技法を生み出した。清正の治水の十の知恵について考えて見てみよ

う。
① 河流の馴染みをつける知恵——河道付け替え・分流の知恵「背割り石塘」
② 斜堰の知恵——湾曲部の下流、減勢後、斜堰でスムーズに取水する
　　清正が築造した堰としては白川の瀬田堰、馬場楠堰、渡鹿堰、緑川の鵜ノ瀬堰、糸田堰、麻生原堰そして球磨川の遥拝堰が有名である。
③ 堤塘の設計の知恵——河道内遊水地と外周囲堤
　　清正が築造した堤塘としては白川の石塘、加勢川の清正堤、緑川の大名塘、桑鶴の轡塘が有名である。
④ 石刎技術の知恵
　　石刎とは、現在の河川工学では大規模な水制工にあたるものであり、そのルーツは信玄流防河法の何番出し構造物と聖牛の2つの機能を併せ持たせたものである。河川の湾曲部等における流水が直接堤防に当たるのを緩和させ、堤防を保護する役目をもっている。
⑤ 馬場楠の「鼻ぐり井手」の知恵——土砂を堆砂させずに下流に流す
　　白川中流にある馬場楠堰から導水（井手）に清正の大変ユニークな「鼻ぐり」と称される構造物が設計されている。井路を横断する隔壁の底部に穴を左右交互に開けて、阿蘇のヨナ（火山灰土）の排砂を促進させる工夫であると言われている。
⑥ 洪水到達時間差の知恵
　　白川の源流は、長陽村戸下で阿蘇谷から発する黒川と、南郷谷を下る白川が合流する。黒川では流れを緩めるため蛇行を促進させ鹿漬堰を設ける等を行う一方で、白川については流れを早くするための改修を行っている。
⑦ 「しばしばね」二重石垣の知恵
　　緑川の右岸甲佐町有安地先の護岸は「しばしばね」と称されている二重の内部構造の石垣となっているという（**図 5-33**）。将来の大災害に備えた清正の独創の知恵である。
⑧ 「大曲り」の知恵
　　緑川の河口近くの下流部に「大曲り」という地先がある。河口から真っ直ぐの川ならば、潮が上流へ上がるのを大きく迂回させることにより潮の遡上区域を短くし、塩害地域を少なくする知恵だという。
⑨ 「替石」の知恵——堤防破堤に備えて、修

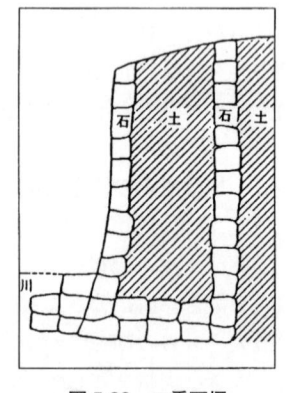

図 5-33　二重石垣

復用の石材の備蓄
⑩ 「殻堤」の知恵
　　清正は立岡池に土砂の流れ込むのを防ぐために、上流部に殻堤と称する土砂扞止堰堤を造っている。ダムの堆砂対策として近年脚光をあびてきた方法である。
(b) 信玄と清正の治水技術の比較
　信玄の治水は、河川の上中流部扇状地の洪水の流勢減殺、流路固定の治水重点の知恵であったが、清正の治水は河川の中下流部の平野部の新田開発と干拓等に重点を置く治水とともに、利水にも重点を置いた知恵である。
　信玄は不連続堤である霞堤を中心とする工法であるのに比較して、清正の治水は信玄の流れもうかがわれるが、河道内遊水地による堤外不連続堤と連続囲繞堤を組み合わせた轡塘や流砂促進のための「鼻ぐり井手」のような独創技術が特筆される。
(c) 信玄と清正をつなぐ佐々成政
　佐々成政は、常願寺川において佐々堤や殿様林として今に伝えられている治水事業で大きな功績を残し、越中の治水の大恩人、越中の英雄として崇敬を集めている。
　佐々成政の治水工事を支えた者として大木兼能がいる。大木土佐である。秀吉は肥後移封後の失政を責め、佐々成政に切腹を命じたが、その家臣たちには罪はないので、加藤清正、小西行長に、「召し抱え自由」との指令を発した。そこで清正は、佐々の家臣の中で清正に召し抱えられたいと望む者300人に知行を与え家臣とした。
　その筆頭は佐々成政の重臣大木土佐で、三千石で召し抱えている。大木土佐は清正の川普請奉行として大活躍をした。大木土佐の文書として残されている「大木文書」がある。「大木文書」に清正の治水のことが多く書き残されている。また、清正の河川検分に付き従っていた水潜りの名人、曽根孫六、孫七、孫八の三兄弟は越中砺波郡の生まれで、成政の肥後移封にもお供したものである。
(d) 清正の独創性の根源――治水五訓
　「大木文書」によれば、白川を治めることは肥後を治めることにほかならない。清正は自ら小舟に乗り、白川を何度も上下しては水の流れ、勢いなどを検分したという。そのとき曽根孫六、孫七、孫八の「加藤家の三孫」と呼ばれている川潜りの名人がお供している。
　清正は治水の"こころ"を治水五則としてとりまとめたと、「大木文書」は記している。

一、水の流れを調べるとき、水面だけでなく底を流れる水がどうなっているか、とくに水の激しく当たる場所を入念に調べよ。

一、堤を築くとき、川に近い所に築いてはいけない。どんなに大きな堤を築いても堤が切れて川下の人々が迷惑する。

一、川の塘や、新地の岸などに、外だけ大石を積み、中は小石ばかりという工事をすれば風波の際には必ず破れる。角石に深く心を注ぎ、どんな底部でも手を抜くな。

一、遊水の用意なく、川の水を速く流すことばかり考えると、水は溢れて大災害を被る。また川幅も定めるときには、潮の干満、風向きなどもよく調べよ。

一、普請の際には、川守りや年寄りの意見をよく聞け。若い者の意見は優れた着想のようにみえてもよく検討してからでなければ採用してはならぬ。

　清正の治水工事の心があますところなく伝えられている。五訓の最後の節が重要である。若者の理屈に合う工法よりも年寄りの経験に裏付けされた工法を採用しろと戒めている。河川工学は経験工学であることは、昔も今も何ら変わっていない。

　清正は治水工事にあたり、まず第一に自然現象としての河川の水理を徹底的に現地調査し、その結果に基づき水に逆らうのではなく、水をうまくなだめるやり方で綿密な治水計画を立てるという過程を踏んで着実に進めていった。

5.12　破堤の輪廻からの脱却

　日本の氾濫原に立地する大都市を流れる河川はすべて天井川である。天井川は破堤の輪廻の宿命を背負っていて、逃れることはできない。堤防を高くすればするほど、堤防を強化すればするほど、破堤時のダメージがどんどん大きくなっていく。巨大洪水で一度破堤して、地形的に一番低い所を求めて新水路が形成されてしまうと、元に戻せなくなる場合が生じるということである。

　このような破堤の輪廻から脱却するには、どうすればよいのだろうか。斐伊川流域は、このような大災害の破堤の輪廻の脱却に向けて、賢明な選択をした。その選択とは、洪水流量の負担を地域によって分配することである。すなわち、上流部ではダムを造り貯留し、中流部では放水路を造り流量の負担を分配し、下流部では河道拡幅により河積を拡大する。当地では三点セットの大改修と言っている。

　昭和51年、まず長期計画を策定した。計画規模を150年に一度の割合で起こ

る基本高水のピーク流量 5,100m³/s と想定し、斐伊川と隣接する神戸川の両川を一体とした治水計画を立てた。まず斐伊川上流に尾原ダムを建設して、基準点上島で約 600m³/s の洪水を調節し、その上で斐伊川と神戸川をつなぐ放水路を建設し、斐伊川の洪水を受け入れるために、神戸川上流には志津見ダムを建設して基準点馬木で約 700m³/s の洪水調節をし、両川を一体とした画期的な計画を立案した。斐伊川の計画高水流量 4,500m³/s のうち、2,000m³/s を分派し出雲市の上塩治町付近で神戸川に合流させる計画である。斐伊川放水路は、斐伊川はかつて西に向かって大社湾に注いでいた遺伝子があることに着目した素晴らしい発想である（**図** 5-34 参照）。

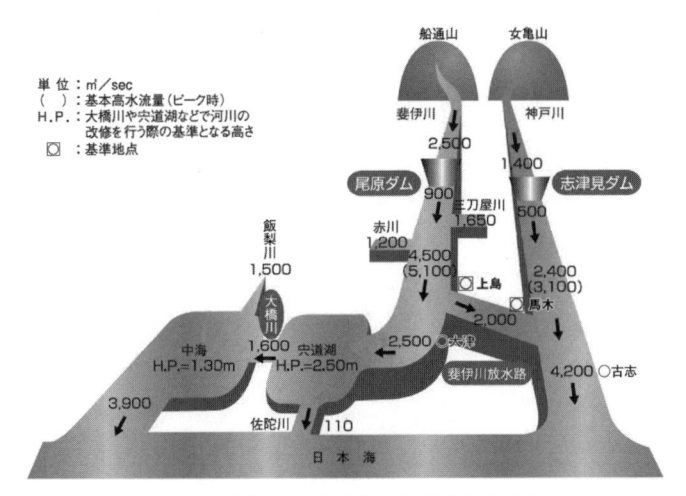

図 5-34　斐伊川・神戸川計画高水流量配分図

さらに宍道湖と中海を結ぶ大橋川の川幅を広げ、堤防を築くことにより宍道湖の排水能力を高め、松江市をはじめとする宍道湖沿岸を洪水から守ることにした。現在、尾原ダム、志津見ダムが完成、放水路の工事も概成に近づく一方で、大橋川の改修にも着手する段階にきている。

破堤の輪廻から脱却するためには、堤防強化にのみ頼るだけでは、より危険性が増すばかりである。抜本的な対策とはなり得ない。上流部、中流部、下流部でダム、遊水池、築堤、放水路等の実現可能な治水方策を立案して総合的に組み合わせること以外にないのである。普段の点検、維持管理による堤防の強化、洪水時における水防活動も必要不可欠である。

6.
氾濫を許容する"まちづくり"

6.1 氾濫を許容するまちづくり

　「ダムによらない治水」を強力に進めようとしている民主党政権が考えている治水方策とは、「越流すれども切れない堤防」を造ることと、もうひとつは「氾濫を許容するまちづくり」が2本柱のようである。

　前国土交通大臣の前原誠司氏は、政権交代以前より「ダムによらない治水」について相当いろいろ研究されてこられたようである。NC（ネクスト・キャビネット）大臣として、次のようなことをブログで記されている。「川は溢れるという前提で洪水対策、街づくり（特に地下街）を行わなければならない」。また、田中康夫氏の脱ダム以前より「コンクリートダムによらず緑のダム」にすべきだと主張されてこられた。

　ゼロメートル地帯に位置する江戸川区では、「氾濫を許容する街づくり」とはどうすればよいのか、絵に画いた餅ではなく現実性のある政策を考えなければならない。まさに深刻な課題である。江戸川区には避難地となる高台がない。堤防が越水することを想定してこなかったので、下水道のポンプ場の能力は5〜10年間に一度程度想定される降雨に対応するよう設計されており、越水してきた水を河川に戻す能力はない。実現可能などんな治水対策が考えられるか。

① ゼロメートル地帯を完全分節する……減災のために、分節化が必要
② 建築物の高床化……高床住宅やフローティング住宅による対策
③ スーパー堤防……洪水、地震に強いスーパー堤防の整備
④ 高台の設置……少なくとも、生命だけは守る措置
⑤ 排水機場の整備……越水あるいは破堤している状態で、河川に排水することが適切か

の5案である。これらは、いずれも実現方策、費用の面で簡単なものではない。

③のスーパー堤防については 400 年もかかる。事業費が莫大である。宇宙人がやって来ることに備えるようなものと言って、事業仕分けでさっさと取り止めにされてしまった。たった 400 年で大変な宿命を克服できるのであれば、こんな結構なことはないと思うのだが。

越流すれど切れない堤防などというが、このような堤防はあり得ない。それこそコンクリートで固めるか鋼材での堤防が考えられるが、これらも絶対切れないかというと、そのようなことはない。そのような材料の堤防は、膨大なコスト、厳しい維持管理などの面からしても考えられない。それに代わる堤防がスーパー堤防事業であるにもかかわらず、廃止の事業と評価された。理解に苦しむ。

大体「氾濫を許容するまちづくり」的発想は、そのような状態になったことのない人か、将来ともにならない人か、いずれにせよ自分には直接関係ないと思っている人が推進しているとしか考えられない。ダム問題にしてもそうであるし、ある意味普天間問題もそうである。こうした状態になることの苦しみや辛さを知らないがゆえに、解決に時間がかかることが理解できず、いつまでもできないなどと、計画者を批判するのである。

6.2 総合治水の限界

（1） ダムによらない治水のメニューとして総合治水対策を挙げているが

今回ダムによらない治水方策として、流域の総合治水対策を積極的に検討し進めることがうたわれている。総合治水対策の必要性は何も今に始まったことではない。昭和 40 年頃より、都市化の進展に伴う流域からの流出増をこれまでの河川では処理できなくなってきたことを受け、各地で開発指導要領が制定され、開発規制や開発者に何らかの対策が課せられるようになってきた。昭和 45 年には、都市計画法による区域区分と治水事業との調整措置方針が定められた。また、昭和 48 年度より防災調節池や治水緑地事業が制度化され雨水貯留施設の整備が進められた。

このような経緯を踏まえて、昭和 52 年に河川審議会の中間答申で保水・遊水地機能の確保、洪水氾濫区域の公示、水害に安全な土地利用方式、建築方式の設定、住民への情報の伝達等、総合治水対策の施策を強力に推進することがうたわれ、昭和 54 年度以降全国 17 河川が総合治水対策特定河川として指定され、総合治水対策が強力にすすめられてきた。

その結果を振り返ると、総合治水対策の趣旨から、なんとか成果が上げられた

と判断できるのは鶴見川ぐらいであろう。他の河川については、関係者の大変な努力にもかかわらず、間違いなく成功したと胸を張って言える状況には至っていないと言わざるを得ない。

鶴見川が、まがりなりにも成果が上げられたのは、開発業者対策が中心だったからである。現に、居住する住民の土地利用を規制するには現行法体制ではハードルが高く、かつ多過ぎた。河川管理者に時間と強力な権限を与えなければ、なかなか実効が上げられなかったということである。総合治水対策を推進し実効を上げることの難しさは、現在も基本的には何も変わっていないのである。

都市化が進んだぶんだけ、より困難度が高くなっていると思える。特に流域内での保水・遊水機能の確保では、住民の方々に理解と協力をいただきながら進められており、その効果は短時間集中豪雨による洪水に対しては期待できる。しかし長時間に及ぶ大洪水では、保水・貯留機能が早い段階で飽和状態になり、洪水のピーク時にはほとんど効果を発揮しなくなる可能性が高く、治水対策のメニューとして位置付けることは疑問である。

このような中で、都市部を流れる河川の流域において、著しい浸水被害が発生し、またはその恐れがあり、かつ河道等の整備による浸水被害の防止が市街化の進展により困難な地域について特定都市河川および流域と指定して、浸水被害対策の総合的な推進を図るため、河川法、水防法、下水道法、都市計画法との調整を図る特定都市河川浸水被害対策法が平成15年に制定された。今後の運用により、実効が上げられることが期待されている。

6.3 どこに避難すればよいのか

(1) ゼロメートル地帯はどこへ避難すればよいか

現民主党政権になり、マニフェストで八ッ場ダムは中止とされ、かつ、事業仕分けで営々と進めてきたスーパー堤防事業も中止とされた。越水すれども破堤しない堤防を造るので被害はたいしたことがない。人命は避難すれば助かるので壊滅的な被害は免れることができる、と主張する人々もいる。

越水すれども破堤しない堤防などない。まやかしである。それは別の所で論じているので、ここでは避難について考えてみたい。

大都市水害時の避難事例として、2005年8月のハリケーン・カトリーナがニューオリンズに上陸したとき、巨大ハリケーン上陸があらかじめ予想され避難命令が出された。道路網が寸断され、大渋滞箇所が発生、大パニックになった。刑務所では600人以上を収容していたが、517人が行方不明となった。

荒川と江戸川に囲まれたゼロメートル地帯の江戸川区の場合、避難できる高台がない。江戸川区の調査によると、避難できる所としては高層ビルやマンション、学校が考えられる。江戸川区内の小中学校のうちすべての階が避難所として使える学校が21校、1階が水没するが2階以上が使えるのが80校、2階まで水没するので3階以上が使えるのが5校で計106校が避難所としては使えそうである。その収容できる人数は約22万人。また、3階建の建物が約3,700棟、4～6階建の建物が約2,700棟、7階建以上の建物が約1,400棟、合計約7,800棟で収容できる人数は約10万人である。

江戸川区の氾濫区域内人口は、67万人のうち32万人分しか避難できない。洪水時の危険な荒川の鉄橋を渡河して避難しなければならない人口が約17万人、同様に江戸川の危険な橋を渡河して避難しなければならない人口が約20万人。直下型の巨大地震よりも避難時間はわずかにあるとはいえ、洪水時の危険な橋を長時間かけて移動を要する住民の避難行動には、想定できない数々の大きな支障がまっているに違いない。ハリケーンカトリーナの時の避難のパニックを遥かに越える大パニックとなることは間違いない（**写真6-1**、**写真6-2**）。

大洪水に対して、「避難が必要な洪水時にどこに避難するか」とともに、「住民全員が避難しなければならないとの意識になるか」が大きな課題である。

カスリーン台風では、当時江戸川区民総人口の約10％（1万数千人）が総武線の市川鉄橋を渡って千葉県国府台に避難した。

写真6-1　昭和22年のカスリーン台風で避難する住民（江戸川区新小岩～小岩駅）

写真6-2　カスリーン台風（昭和22年9月）

（2） 避難とは非常事態宣言

　高度に都市化した社会では、避難とは戦時中の空襲に備える非常事態体制をとるということで、生やさしいことではない。安政元年（1854）の南海地震に伴う大津波が和歌山県の広村に来襲したとき、浜口梧陵は自分の田の稲むらに火をはなち、村人を避難させることに成功した話は、長らく小学校の教科書にも載った、歴史的な快挙の話である。このように避難が成功すれば超ファインプレーということである。超ファインプレーを前提として組み入れた恒久的な河川計画は作れない。避難とは、非常時のいろいろな打つ手がなくなった緊急手段なのである。

　数年に一度、避難しなければならないような所では、高度な都市活動は成り立たない。このような非常事態にならないようにするのが、計画というものである。現実を見据えれば、自衛隊活用までを視野に入れることが必要である。ダム不要論を唱える方が「氾濫を許容し、避難すればよいではないか」と言われるが、氾濫被害を一度でも受けた方、避難所生活を余儀なくされた方は二度と御免である。このようなことにならないようにしてほしいという、悲痛な叫びが聞こえないのであろうか。このような方策を住民が受け入れるであろうか。実現性は乏しい。

（3） ソフト対策としての避難について

　安全安心国形成を目指し、治水の安全度を高めるには築堤や拡幅等の河川改修・ハードな治水事業が基本であるが、河川改修には大変な時間と膨大な予算と用地提供等地元の理解が不可欠である。ハード面の河川事業を進めるには、多くの時間的制約、財政的制約、社会的制約を克服する必要がある。

　そのような現状を踏まえて、ハードな治水事業をあい補うものとして、河川の出水の状況のリアルタイムの情報提供と洪水ハザードマップの利用による避難誘導等ソフトな治水対策の重要性が叫ばれて久しい。このため、水位・雨量等の河川に関する情報のテレメーターによる観測把握や、さらにCCTVカメラ・光ファイバー網による出水の状況のリアルタイム把握と、またテレビ局等の協力を経て、その映像等の出水状況が広く一般の方に河川情報として提供されるようになってきた。また、浸水予想地図・ハザードマップの整備も急速に進んだ。

　これらの情報を利用した的確な避難誘導で人命被害の軽減に大きな成果が出た事例も出てきた。一方、以下に示す現実的な避難の困難性も出てきている。

①　避難命令が出ても逃げない人がいる。行政としてどう対応するか？
　　避難命令の精度に対する信頼がいまだ十分に得られていない現状では、避難命令を出しても、自分のこれまでの経験から避難しない人の割合が大き

く、避難の限界を露呈した事例も多い。過去の洪水では、避難勧告の情報が周知されても実際に避難した住民は1割から2割程度にとどまっている。
② 兵庫県佐用町の例にあるように、避難する時期によっては、逆に被害を大きくする可能性がある。
避難に関する情報は、手遅れにならない時期に確実な内容で発信および周知できるか、が重要である。
③ 避難の経験を持つ人はほとんどいない。実際に避難を行うためには、訓練が必要不可欠、大規模な訓練ができるか？
④ 災害弱者（障害者、高齢者、寝たきり老人、乳幼児）への支援体制をどうするのか。

など、今後、真剣に検討すべき課題が数多く残されている。

さらに、何よりも人命以外の避難しがたい大切な財産の避難までは間に合わず、というか不可能で、被害は免れない。さらに、数年ごとに浸水するようでは高度な都市活動は期待できない。

避難誘導のためのソフト整備は重要である。しかし、ソフト整備で災害は防げない。防災の基本は、ハードな対策による安心安全国土づくりである。洪水は時間的余裕もあるのでソフトの避難体制を事前に十分検討しておくことが重要だが、その前提で、そのような洪水が想定されるなら、頑丈な堤防建設等ハードの治水策を十分にしておくことが基本である。

超過洪水への対応は、現整備段階以上の超過洪水が来たときにいかに安全に逃げるか、緊急避難するかを、あらかじめ想定におきながらハード的な整備を逐次進めていく、そして緊急避難しなければならない非常事態を少しでも少なくなるように、ステップ・バイ・ステップで施設整備を着実に積み重ねていく以外にない。

6.4 建築物の高床化

越流を許容する施策としては、建築物の高床化がまず考えられる。江戸時代から全国各地の水害常襲地帯では、「水屋」等と呼ばれる高床式の倉庫が造られた。地域によりその名称はいろいろであるが、現在も各地に残っている。水が引くまでの間、何日間か水屋で生活するための工夫がいろいろあった。それと共に、家から家への移動手段としてあったのが舟である。舟は揚げ舟といって、常時は屋根裏につり下げられてあった。この水屋、揚げ舟を復活すれば、浸水を許容できるのではないかという案である。

東京都中野区、杉並区では、平成17年の台風による大規模浸水災害を契機に個人の住家の高床化工事の助成制度が導入された。まことに先進的な取り組みである。工事費の1/2、上限200万円まで公費で助成しようということである。しかし現段階では、この補助対象は非常に狭い地域に限定されているようである。

　ゼロメートル地帯の江戸川区で導入しようとすればどのような課題があるか。面的に広域に浸水するので、すべての建築行為に関して床高または地盤面を上げることの義務付けが必要である。現実に家屋を高床式にするには、建築基準法等の改正を行い、隣地の承諾や、道路斜面、北側斜面、日影規制の撤廃などが必要となる。また、高床にする場合、コンクリート基礎を高くする工法等費用が相当かかるので補助制度の導入が不可欠となるであろう。

　江戸川区の試算では、建築面積$30m^2$の家一戸当たり、2.5mの高床の場合は1戸約500〜600万円増となる。また、5.0mの高床の場合は1戸当たり約1,000〜1,200万円増となるという。江戸川区の場合高床対象家屋は約31万戸あるので、総額で2兆3,000億円〜2兆8,000億円にもなるという。それにもまして対象家屋数が膨大なため、全家屋を建て替えるには、建設期間の面からだけでも50年以上の年月を要するという。さらに、前述した法整備等を考慮すると果たして完成するのに、何年かかるやら想定不可能である（**図6-1**）。

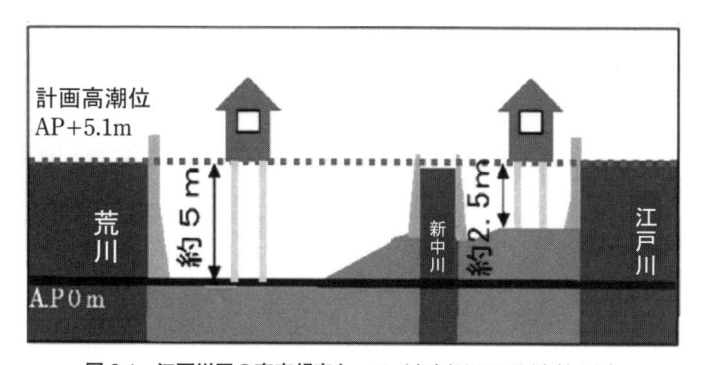

図6-1　江戸川区の高床想定ケース（東京都江戸川区資料より）

6.5　建物のフローティング化

　洪水時に水に浮かぶ家を造れば越流して浸水しても被害は小さくて済むということで、ゼロメートル地帯が多いニューオリンズの町や、オランダのデルタ地帯で建設が進んでいるという。構造は、発泡スチロール製で表面をガラス繊維で

補強したコンクリートで覆った台船形式で、それを建物の台座にしてその上に建物を建設するものである（図6-2）。

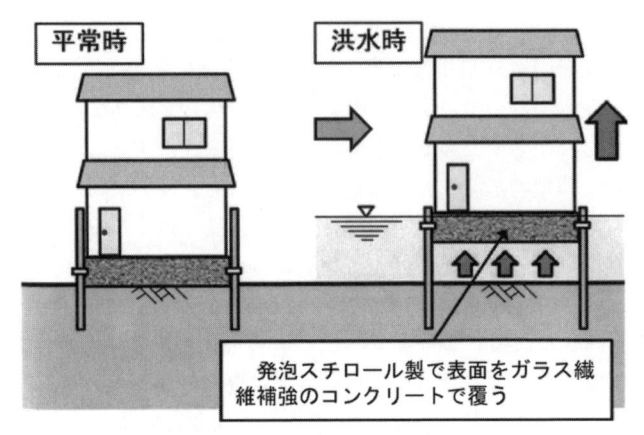

図6-2　台船形式：建物台座（東京都江戸川区資料より）

　平常時は水がないので台船は大地に座った形であるが、洪水時には台船がフロートとなり、台船の昇降をガイドするレールに沿って浮き上がる。このフローティングの台船の設置費は1,500万円〜2,000万円かかる。江戸川区内の高床対象家屋約31万戸にこれを設備しようとすれば4兆7,000億円〜6兆2,000億円かかる。これを実現するには補助制度がなければ無理である。さらに、日本人の生活は地についた住居が基本であるので、この工法は果たして受け入れられるであろうか。この対応以外ないということならば、あきらめもするかもしれないが。

7.
水資源開発の知恵

7.1 水資源は大丈夫か

(1) 新聞報道に見る渇水

 (a) 渇水報道からの伝言

　毎年全国各地で大雨が降れば、水害や土砂災害のニュースが報じられている。一方、少雨が少し続けば渇水騒ぎが始まる。数年に一度は深刻な渇水で被害が続出している。

　全国の主要な所の渇水報道の新聞記事の見出しを拾ってみた。四国は島国日本の中でも島国とあって、水不足の宿命からの脱却は夢のまた夢である。少し少雨が続けば、四国一の水がめ早明浦ダムは空近くになる。台風や大雨で最悪の危機を切り抜けている。四国の水資源の切り札として建設された早明浦ダムは、昭和50年管理開始以降34年間に23回取水制限を実施している。利水貯水率が完全に0％にしばしばなっている。平成6年には2日間、平成17年には7日間、平成20年には20日間貯水容量が完全に空になったのである。その原因は降水量の変動幅が増大し、早明浦ダムは昭和23年計画時点では $15.1m^3/s$ の水供給能力があったものが、平成20年の渇水時の流況では $6.3m^3/s$ の供給能力まで激減してしまったことによる。最近の気候異変により、早明浦ダムの水資源開発の実力が約40％にまで目減りしてしまったのである。四国の水不足は深刻である。

　福岡を中心とする北部九州も大きな河川に乏しく、筑後川からの分水に頼らざるを得ない渇水の宿命を背負っている。空梅雨等少雨のたびに渇水被害が続出している。福岡地区の近年の渇水状況を見ると、取水制限が常態化している（図7-1）。

取水制限等期間	日数	取水制限率	
昭和53年5月 ～昭和54年3月	287日	48% （給水制限率）	（福岡市）
昭和61年2月	11日	30% 15%	（福岡地区） （久留米地区）
平成4年12月 ～平成5年2月	44日	45% 20%	（福岡地区） （県南）
平成6年7月 ～平成7年6月	330日	55% 40%	（福岡地区） （県南）
平成7年12月 ～平成8年4月	129日	50% 20%	（福岡地区） （県南）
平成11年2月 ～6月	122日	50% 15%	（福岡地区） （県南）
平成14年8月 ～平成15年5月	265日	55% 22%	（福岡地区） （県南）
平成16年2月 ～平成16年5月	98日	10% 2%	（福岡地区） （県南）
平成17年6月 ～平成17年7月	20日	10% 2%	（福岡地区） （県南）
平成18年1月 ～平成18年4月	96日	20% 2%	（福岡地区） （県南）
平成19年12月 ～平成20年4月	115日	2%	（県南）

福岡地区：福岡地区水道企業団
県　南：福岡県南広域水道企業団

※時間断水を実施

図7-1　福岡地区の取水制限

　筑後川水系では、水源の乏しい福岡都市圏等に対し水系を越えた水供給を行っている。このため、渇水時には筑後川下流の漁業者と都市の利水者との深刻な利水調整が行われる。中部圏は木曽三川や豊川・矢作川という大河があるが、利水安全度は低く、3～4年に一度は広域的で多岐にわたる深刻な渇水被害が続出している。中部圏の大工場では生産ラインがたびたび停止し、減産に追い込まれている。農業をはじめ、病院・ホテル等々、悲鳴が聞こえてくる（図7-2、図7-3）。

図7-2　九州と四国の渇水

図7-3 中部圏の渇水

(b) 琵琶湖・淀川の渇水

淀川水系は日本の大水系の中では、上流に琵琶湖があるので一番流況が安定していることになっている。さらに琵琶湖では、水資源開発と治水対策を主体とする琵琶湖開発事業が昭和46年度に着手され、平成3年度に完成したのでさらに流況が安定した。

琵琶湖・淀川流域における過去の渇水の発生状況を**表7-1**に示す。

表7-1 琵琶湖・淀川における主要渇水

渇水年	発生期間	被害市町村	取水制限	取水制限日数	琵琶湖水位
昭和48年	7/31～11/5	大阪府31市5町、兵庫県5市	20～25%	98日間	－54cm
昭和52年	8/26～翌1/6	大阪府31市5町、兵庫県5市	10～15%	133日間	－58cm
昭和53年	9/1～翌2/8	大阪府31市5町、兵庫県5市	10～15%	161日間	－73cm
昭和59年	10/8～翌3/12	大阪府32市7町1村、兵庫県5市	20～22%	156日間	－95cm
昭和61年	10/17～翌2/10	大阪府32市7町1村、兵庫県5市	20～22%	117日間	－88cm
平成6年	8/22～10/4	大阪府32市7町1村、兵庫県5市 滋賀県、三重県、奈良県	20%	42日間	－123cm
平成7年			0%	0日間	－94cm
平成12年	9/9～9/11	大阪府33市8町1村、兵庫県5市	10%	3日間	－97cm
平成14年	9/30～翌1/8	大阪府33市8町1村、兵庫県5市	10%	101日間	－99cm

　琵琶湖開発事業完成までの間においては、昭和48年、52年、53年、59年、61年の5回で4年に1回渇水が発生していた。琵琶湖開発事業完成後、今日までの間においては、平成6年、7年、12年、14年の4回でおおよそ5年に1回渇水騒動が発生している。この時の最低水位と取水制限日数の期間の関係をみたのが図7-4である。この図から明らかに、水資源開発により人々の生活に深刻な影響を与えてきた渇水騒動が大幅に軽減されてきていることがうかがい知れる。

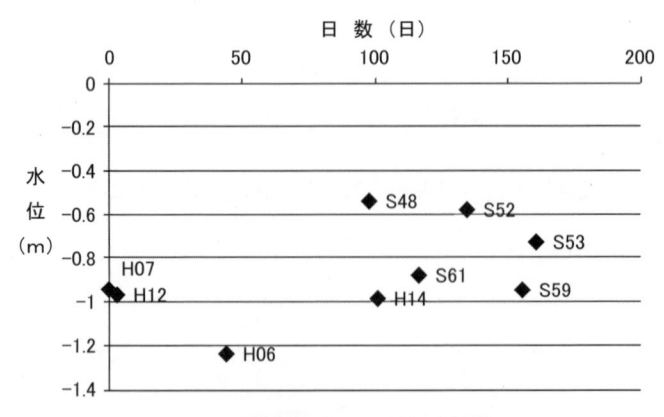

図7-4　琵琶湖最低水位と取水制限日数

7. 水資源開発の知恵　107

　琵琶湖開発事業前の大渇水は昭和59年（1984）で、当時史上第2位の渇水で−95cmの水位低下で156日間という長期にわたる取水制限を余儀なくされているが、琵琶湖開発事業後の平成6年の列島大渇水では−123cmという史上1位を更新する水位低下にもかかわらず44日間の取水制限にとどまっている。これは、琵琶湖開発事業において琵琶湖の水位低下対策として、琵琶湖よりの取水施設の沖だし、航路、泊地の浚渫、アユの産卵用人工河川の建設、洗堰バイパス水路による正確な放流操作の確保、等々の琵琶湖水位低下対策が実施されており、洗堰の新たな操作運用が開始されていたためである。

　しかし、少雨が続くと渇水被害は一挙に広がる。昭和59年と平成6年の大渇水時の新聞記事の見出しから、都市用水や農業用水の悲鳴の他、琵琶湖渇水に特有ないくつかの特徴が浮かび上がってくる（図7-5、図7-6）。

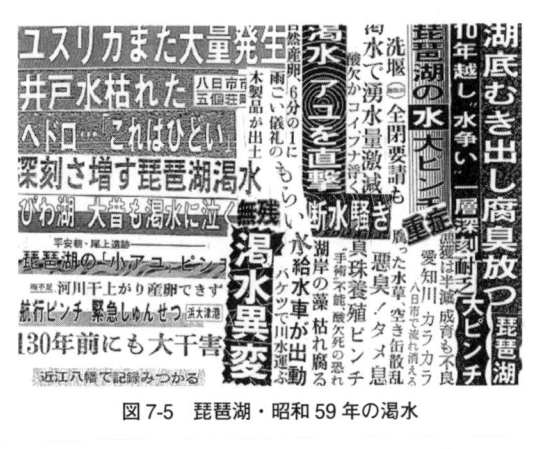

図7-5　琵琶湖・昭和59年の渇水

図7-6　琵琶湖・淀川、近畿圏、平成6年渇水

列挙すると、
① 湖底遺跡等が水位低下で現れると、過去にも大干害が頻繁にあったことが知れる。
② 琵琶湖の水位低下は魚類水産（アユ、真珠、コイ、フナ等）・舟運観光に大ダメージを与えている。水辺の水草等の生態系環境破壊も深刻になってくる。
③ ユスリカの大量発生やヘドロ等、人間にとっても好ましくない想定していない環境異変が次々に起こる。

渇水という現象は大変な環境破壊であることが分かる。

この渇水に備える水資源開発は、環境保全の根幹であることが分かる。琵琶湖の水位1cmは約670万m^3の水量に相当し、渇水時に下流都市ならびに湖周辺の命の水を補給することができる。一方、琵琶湖の水位1cmにより、琵琶湖の湖周おおよそ240kmにわたり環境生態系に大きな被害を及ぼす。琵琶湖は、世界でも有数の古代湖であり、50を超える固有種を有する生物の宝庫である。その豊かな自然や生態系は、季節に応じて湖面の水が豊かな姿で湛えられることによって初めて維持することが可能である。また、淀川も同様に特徴的な生物を育む豊かな生態系を有しており、その生態系の維持のためには十分な流量が確保されなければならない。

さて、琵琶湖が水資源利用上、大きな役割を果たしているのは、その貯留量の大きさはもちろんだが、琵琶湖へ流入する流量の安定性があるからである。すなわち、琵琶湖へは、春季の融雪出水、梅雨期出水、台風出水と3つの大きな流入があるため、通年的に大量の水が安定的に流入している。特に、融雪出水は冬季の積雪が時間的な遅れをもって流出するため、ダムと同様に時間的な流況平滑化作用を果たしている。

将来、地球温暖化の進行に伴う気候変動によって、降雪量が減少し、降雨量変動が大きくなれば、琵琶湖への流入水量が減少するとともに、その時間的な安定性が損なわれることとなる。琵琶湖にこれまでと同じような機能を果たしてもらうためには、琵琶湖流域からの流入水量を安定化させるための施策が必要となる。計画中の丹生ダムからの渇水時の環境用水補給は、琵琶湖の環境生態系維持に大きな効果を発揮するとともに、ひいては下流都市ならびに湖周辺への利水補給に大きな効果を発揮することとなる。

琵琶湖は広大な湖水面が存在していることにより、利水面から大きな安定性がある。安定性があるということは、一たび、渇水となれば、長期化するということである。長期間に及ぶ琵琶湖水位の低下と淀川本川流量の減少は、琵琶湖・

淀川の自然環境に深刻な影響を及ぼし、自然が脆弱化した今日、いったん悪化した自然の回復は危ぶまれるからである。仮に既往最大の昭和14年のような渇水が再来すれば、琵琶湖の水位低下と淀川本川流量の減少は長期間に及ぶこととなる。長期間に及べば琵琶湖・淀川の貴重な生態系に対するダメージは計り知れないほど大きい。

(c) 渇水になれば分かること

民主党政権は、水は余っているのでダムは今後造るべきではないと主張されている。水が余っているのであれば、どうして数年ごとに全国各地で水不足で騒ぎが起こり渇水被害が出るのだろうか。農業用水が余っているので、そちらから回してもらえばよいというが、通常時水が余っているときは水の融通も可能かもしれないが、いざ渇水ともなれば、水が余っている者は誰もいない。悲壮な水争奪戦となっている。

水を融通すれば自分が干上がってしまう。皆で節水して切り抜けようと調整会議をもっても、必ず節水破りが出てくる。ダムは環境破壊だというが、渇水になれば生態系にとっても深刻な被害が出てくる。川の水辺から水がなくなると、生物も生きていけない。

(2) 水資源に関する現状

日本は島国であって、地形等の特性から昔から今に至るまで水不足の宿命を負っている。さらに近年のトータル降雨量の少雨化、降雨変動幅の拡大により、利水安全度は急激に減少していっている。利水開発し、水利権を獲得したつもりでいるが、利水安全度の低下で、実質の水資源確保量は激減している。それに加え、都市の節水構造化や農水等既得水利権の転用も進んで、余裕のある水はなくなってきている。

日本の食料自給率は、他の先進国と比較して極めて低い。他の先進国はほぼ100％に近いが、日本は40％以下である。日本は、食料輸入に伴う仮想水輸入で賄っている現状である。食料自給率は、50％以上にまで引き上げねばならないと言われているが、河川にはもう水がなくなっている。

7.2 水利権とダム問題

(1) 水をめぐる争い

河川に流れている水量は、刻々と変動している。河川からの水利用が少ない段階では自由に水を取水できるが、都市化が進み、河川からの取水量が河川の自流

に比較して無視できない量になってくると、いろいろな問題が生じてくる。すなわち、A地区が取水すればB地区が取水できなくなるという競合関係が生じる。

戦国時代を制してきた豊臣秀吉や徳川家康等の武将に、異を唱える配下の者はいなかったであろう。武将たちは、すべてが我が意の如く運ぶだけの権力を持っていた。しかし、そのような権力をもった武将でも、いっさい手をつけなかったものがある。それが水利紛争であった。干天が続くと全国各地の川の上流と下流、右岸と左岸の農民たちが、水の争奪で血の雨が降る争いを繰り広げた。大権力者である秀吉や家康でも、自然の営みには謙虚にならざるを得ず、水利紛争には一切口を挟むことができないほど恐れていた。

争いを解消するには秩序が必要である。つまりは水系の利水関係者全員の合意が得られなければ、水秩序ができないということである。

（2） 水利権とは——水利秩序の礎

日本の河川は、江戸時代から明治時代になって河川法が制定され、河川からの取水のルールが形成された。関係者全員が合意できる新しい水利用の秩序が水利権である。水利権は土地所有権よりも厳しい。過去、血の雨を降らせてきた壮烈な水争いの歴史を経て、ようやく関係者が皆納得する水利秩序ができた。逆に言えば、日本全国でこの水利権のルール以外に皆が納得するルールができなかったということである。このルールを全国の関係者が遵守することにより、各地の水争いはなくなった。

新しく河川から水を取水する権利を得ようとすれば、既得先行水利権者の権利を一切侵さないという確固たる物証をもってするということ以外、関係者の合意が取れない。新しく水利権を得るためには、洪水時等に水が余っている時の河川水を一時的にどこかに貯留しておいて、渇水時にそこから取水するということになる。一時的に水を貯留する施設がダムである。すなわち、これがダムによる水源手当である。全国で1ヵ所でもこのルールに従わず、水源手当なしで法定水利権が得られるという事例を作れば、明治以降、近代国家としてようやく整った水利秩序が崩壊してしまうことになる。

（3） 水利権の獲得——ダム建設と反対運動の間(はざま)で

明治以降、水利権を得るために多くのダムが建設された。ダム建設は山里を水没させることになるため、これまでに大変な反対運動がたびたびあった。東京都の水道専用ダムである小河内ダム建設の歴史も壮烈なものであり、また筑後川の松原下筌ダムの蜂ノ巣城の紛争もダム建設をめぐる有名な紛争であった。ダム建

設には、従来から大変な反対運動がつきものであった。
　将来的に水が必要になることを想定して、先人が大変な思いと費用と労力をかけてダムを建設し、水利権を得てきたのである。

（4） 暫定水利権の問題点

　暫定水利権者とは、その水利権のためのダム建設中にも切迫する水需要に対応するため、豊水時（水が余っている時のみ）において先行既得水利権者の取水に全く支障を与えない範囲において、取水しても構わない権利を許可されている者である。つまり、既得水利権者の同意を得て、既存の秩序を一切乱さない範囲で取水させていただいているという性格の水権利である。

　だから、計画対象渇水程度の渇水時においては、既にこれまで大変な思いで水源確保をしてきた既得水利権者は当然取水が可能であるが、暫定水利権者はいまだ貯留施設が完成していない段階なので、取水ができないということになる。ダムが完成した暁には、暫定水利権が安定水利権となり、既得水利権者と同様に取水する権利が正式に生じる。

　計画渇水以上の渇水時には、既得水利権者はできる限り河川維持用水を侵さないように節水してしのぐこととなる。一方、暫定水利権者は水源手当のダムが完成していない段階なので、少しでも取水すれば、先行既得水利権者の取水に支障を及ぼすことになるので、取水禁止ということになるのである（**図 7-7**）。

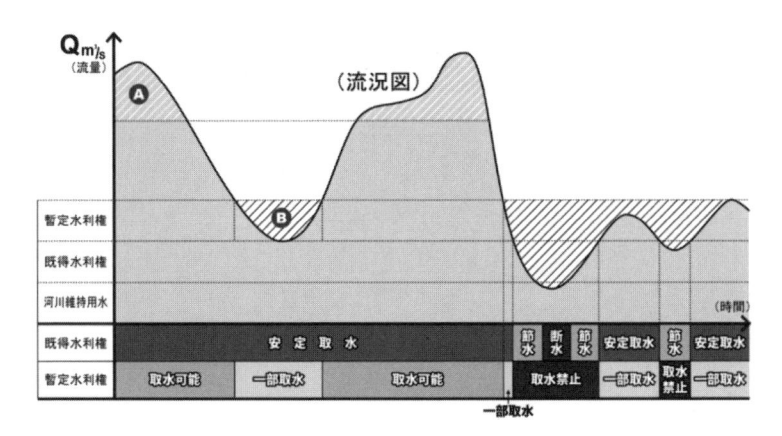

図 7-7　暫定水利権とは

（5） 水利権の再分配という無理難題

　ダム建設反対派が唱えている水利権の再分配とは、これまで水確保の努力をしてこなかった機関が、今まで大変な思いでダムを建設して、やっとの思いで確保した先行水利権をよこせと言っているのに等しい。銀座のホームレスが、「銀座に住んでいるのだから、銀座の土地を等分に無償で分配しろ」と言っているようなものである。

　これまで暫定水利権で水を取水が可能であったのは、既得水利権者等の配慮の結果である。本来、渇水時等は、既得水利権者は節水率で取水できるが、暫定水利権者は一切取水できないことが基本である。そういう水利秩序になっているのである。

7.3　首都圏の水の現状を見る

（1）　間に合わぬ水源手当

　利根川下流首都圏の大都市化によるニュータウン開発や宅地化の進展に伴い、新規に水を確保しなければならない地域が出てきたが、水源手当が間に合っていない状況である。このような関係都県は八ッ場ダムに利水者として参加することにしたが、本来は八ッ場ダムが完成してからしか水利権を取得できない。しかしニュータウンは完成し、居住が始まっていく。そこで、既得水利権者には一切迷惑をかけないということを条件に、肝心の水源施設ができていないが、暫定水利権を付与されている。しかし、渇水時に取水すれば、下流の既得水利権者に支障が生じる場合には、当然のことながら、取水禁止という処置がとられることになる。

　八ッ場ダムが完成するのを待てずに、関係都県すべてが暫定水利権を得ているということは、これまでの水利権では不足しているので、もっと水を取水したいということである。水が余っている既得水利権者があれば、既得水利権者が勝手に交渉することは法的に許されないが、河川管理者が水利権の譲渡斡旋審査することは考えられる。しかし、八ッ場ダムの開発水量を予定している都県は、すべて水不足で困っているので水利権の譲渡など考えられない。

（2）　利根川の渇水

　一昨年の政権交代で、八ッ場ダムは無駄な事業のシンボルだと国土交通大臣から中止の方針が打ち出されている。治水でも不要だし、利水でも不要だと八ッ場ダム建設反対を主張される方は言っている。首都圏の水需要は増加していない。

これまでも渇水になったと言っているが、渇水で断水したり、給水車が走り回ったりという、福岡渇水や高松渇水時のような話は聞かない。

何とかなっているのだから、八ッ場ダムは建設しなくてもよいという単純な論理である。しかし本当にそうであろうか。昭和39年からの利根川渇水のデータを見ると、平均して3年に1回、渇水による取水制限が課せられているのが分かる（**表7-2**）。

表7-2 利根川における既往渇水の状況

項目 渇水年	取水制限状況				
	取水制限期間		取水制限 日数（日間）	最大取水 制限率	影響の範囲
	自	至			
昭和39年			84	50%	東京都
昭和47年	6/6	7/15	40	15%	1都2県
昭和48年	8/16	9/6	22	20%	1都2県
昭和53年	8/10	10/6	58	20%	1都4県
昭和54年	7/9	8/18	41	10%	1都4県
昭和55年	7/5	8/13	40	10%	1都4県
昭和57年	7/20	8/10	22	10%	1都4県
昭和62年	6/16	8/25	71	30%	1都5県
平成2年	7/23	9/5	45	20%	1都5県
平成6年	7/22	9/19	60	30%	1都5県
平成8年	1/12	3/27	76	10%	1都5県
	8/16	9/25	41	30%	1都5県
平成9年	2/1	3/25	53	10%	1都5県
平成13年	8/10	8/27	18	10%	1都5県

※国交省資料より作成

平成6年、8年の渇水当時の新聞記事を見ると、ビール工場や醤油工場は取水制限量に応じて減産を余儀なくされている。製鉄所や各種の工場も減産を余儀なくされている。工場の稼働日を週末に振り替え等を行っている。市民プールなどの使用自粛、停止等により市民生活へ影響が及び、水道水の断水、減水、赤水が発生し、給水車による給水活動も行われた（**図7-8**）。

図7-8　首都圏の渇水

　利根川の流量減少により農水取水停止、農地は水不足で田畑は枯れて、一部の水田で稲が立ち枯れ、深刻な不作となっている。しかし、高台等で断水騒ぎや給水車が走り回っているという記事は見られなかった。30％も取水量が減少すれば、高台等で断水騒ぎになるのは当然であると思っていたが、プールが使用禁止等の記事はあるが、断水の記事はない。これはどうしてだろうか。

　水道事業者が給水で不足する分を、急遽井戸水を汲み上げたので高台の住居地のパニックを避けられた。その結果、半年後、これまで地下水規制の結果止まっていた地盤沈下が再発し、約 $320km^2$ にわたって地盤沈下が始まった。地盤沈下は絶対に避けなければならない一番深刻な環境破壊である。一度地盤沈下した所は、二度と回復しない。地盤沈下のマイナスの影響はどこまで及ぶか予測し得ない。国土が不治の病にかかったと同じ状態になる。このような地盤沈下を招く、地下水取水は絶対に避けなければならない。

　ところで八ッ場ダムが完成しておればと仮定すれば、取水制限日数はどれだけ緩和されたであろうか。**図7-9** に示すように、平成8年の渇水の場合では、取水制限日数は100日少なくて済んだことになる。八ッ場ダムの効果は絶大である。

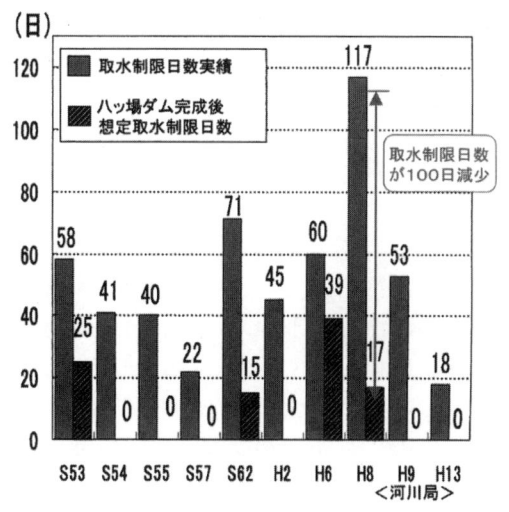

図 7-9　取水制限日数の変化

（3）　利水安全度の低下

日本の利水の安全度は、10 年に一度の確率の安全度が確保されている。10 年のうち 1 年は節水等でしのぐとしても、10 年のうち 9 年は安心して取水ができるということを基本に、あらゆる社会施設の整備が進められている。しかし、一番利水の安全度が高いことが期待されている首都圏の利根川・荒川水系は、利水の安全度は 5 年に一度の安全度で、低いのである（**表 7-3**）。

表 7-3　主要水系等の計画利水安全度

水系名	計画利水安全度
利根川・荒川水系	1/5
木曽川水系	1/10（1/3）？
淀川水系	1/10
筑後川水系	1/10
サンフランシスコ	既往最大渇水
ニューヨーク	既往最大渇水
ロンドン	1/50

＊利水安全度 1/5 とは、ある計画期間において概ね 5 年に 1 回程度の割合で発生する渇水にも水需要量を確保できるように施設計画をする目標
＊＊国交省資料より作成

したがって、計画通りに八ッ場ダム等が完成したら、5年に一度渇水になるということであるが、八ッ場ダム等が完成していない現状では、それよりもさらに頻繁に渇水になるということなのである。

　利根川・荒川水系という日本の首都の利水安全度は、全国一律の10年に一度よりさらにより利水安全度が高いことが望まれている。20年に一度程度の利水安全度が確保されるべきところである。

　どうして5年に一度になったのであろうか。首都圏の急激な発展に水資源開発施設の建設が間に合わなくて、東京オリンピックの時、利水安全度を5年に一度の確率として急場をしのいできた。世界の大都市との国際的競争にさらされている日本の首都の東京が、少雨のたびに渇水による水不足で四苦八苦しなければならない状況は、恥ずかしい限りである。世界に誇る日本の首都は、水資源の確保の観点からは発展途上国並の実にみじめな状況にある。早急に克服されるべき我が国の重要課題である。

　利根川水系においては、渇水時には、本来なら暫定水利権者は一切取水禁止のところ、暫定水利権者といえども同じ利根川沿川に住む者として、下流既得権者の特段の配慮により、既得水利権者の2倍程度の厳しい節水率でしのいできたというのが現状のようである。暫定水利権者が、1日も早く八ッ場ダムを完成させて水源手当をする努力を行っているということでの温情ということであろう。

　水源手当の八ッ場ダムが完成すれば、利水の安全度は5年に一度の渇水となる程度であったが、水源手当をしていない暫定水利権者が取水しているので、利水の安全度は大幅に低下している。現在は1〜2年に一度ごとに渇水対策本部を設置して、毎年の夏の渇水を乗り切るために、早め早めの節水等で、四苦八苦のやり繰りでしのいでいるのが現状である。さらに、将来予測される気象異変が生起すれば、利水安全度がガタ減りすることは言うまでもない。渇水時、真に役に立つのは1人当たり何m^3の水を貯えているかということである。

（4）　暫定水利権をめぐる暴論——利根川水系の安定取水と不安定取水の割合

　平成12年度において、利根川水系の水道水の暫定水利量は約32.2m^3/sで全水道用水の約23％にのぼっている。この暫定水利量は、八ッ場ダム等の水源確保が遅れているためである。八ッ場ダムが早期に完成し暫定水利を安定化させることの意義と緊急性が理解できる（**図7-10**）。

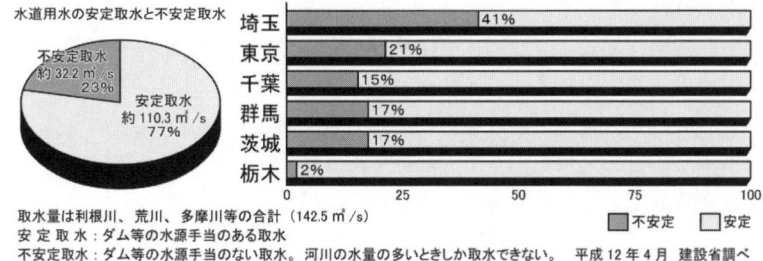

7. 水資源開発の知恵　117

```
水道用水の安定取水と不安定取水
不安定取水 約32.2 m³/s 23%
安定取水 約110.3 m³/s 77%
```

	不安定	安定
埼玉	41%	
東京	21%	
千葉	15%	
群馬	17%	
茨城	17%	
栃木	2%	

取水量は利根川、荒川、多摩川等の合計（142.5 m³/s）
安 定 取 水：ダム等の水源手当のある取水
不安定取水：ダム等の水源手当のない取水。河川の水量の多いときしか取水できない。　平成12年4月　建設省調べ

図7-10　利根川水系の安定取水と不安定取水の割合

　渇水調整会議で取水制限を定め、各種産業活動を大幅に制限して急場をしのいでいる現状をみても、なお「利根川水系は現状で誰も水不足で困っていない。したがってどのような理由でも八ッ場ダムの水資源開発は不要であり、無駄だ」というのであろうか。

　今回、暫定水利権者が、暫定水利権の前提となる八ッ場ダムによる水源手当を放棄すれば、当然のことながら暫定水利権を放棄するのが筋である。八ッ場ダムに代わる水源手当の建設の目途が明確にできた段階で、改めて既得水利権者等の了解と同意を得て、暫定水利権を取得するという手続きを取ることになる。

　暫定水利権の前提である八ッ場ダムと水源手当を放棄して、その上、これまで同様に暫定水利権を保持したいということは、あまりにも虫がよすぎる話ではないだろうか。放棄した上で、なおかつ暫定水利権を安定水利権にしろということは、法の秩序を無視した暴論である。

（5）　水利秩序の破壊は国家の無法化に等しい

　「八ッ場ダムは、新規利水目的はなくなっているから不要だ」と主張する人がいる。河川の水利秩序を一切ご存じない方の論なのか。河川の水利秩序のことを分かった上で言っているのだとすれば、近代法治国家を破壊して無法国家にしようとする、テロ集団以上の反逆集団の所業といっても過言ではあるまい。

　我が国の国土は、土地所有者の制度ができて、その秩序が得られている。日本全国、所有者のいない土地はない。もし後から来た者が土地の所有権を得ようとすれば、その土地の所有権者との譲渡交渉により、双方がある金額条件等で同意が得られた場合に限って成立することになる。このような法秩序の中にあって、ある権力者が譲渡権利を得ずに既権利者の権利を侵害して、新しい者に土地を付与することができるであろうか。水利権というものは、土地所有権以上に日本の秩序の原点となる法秩序である。日本全国の河川の水の使用については、すべて

に権利が張り付いている。

　今回の政権交代で民主党政権に一票を投じた方は、民主党が先人が営々と築いてきた国家の法秩序を放棄して無法国家にしようとすることを望んで選択したのではないであろう。大臣という絶大なる権力者といえども法治国家の一員であって、日本がここまで繁栄してきた大前提である法秩序を破壊し、無法国家にする権限は与えられていないのである。人を殺してはならない、脱税してはいけないということと同じである。大臣といえども法秩序を守る必要がある。

（6）　渇水対策としての八ッ場ダム

　毎年のごとく春先になれば、今年の夏は水不足に陥ることなく乗り切れるかどうかと心配になる。上流ダム群の貯水量と関越の山々の雪解け水の多少を気にしながら、今年の夏の水需要期に節水せずに乗り切れるだろうか予測し、少しでも水不足になりそうならば早め早めに渇水対策本部を設置し、大口水需要者を中心に節水を呼びかけている。状況が悪くなれば、できるだけ利用者のダメージが少なくなるように大口の工業用水需要者をはじめとして、節水率をきめ細かく変えて取水制限をし、これまで乗り切ってきた。

　昭和47年（1972）から平成13年（2001）までの30年間のうち、13年間は取水制限をし、渇水を乗り越えている。平均制限日数は45.2日で、最大取水制限率は30％が3回、20％が3回、10％が7回である。八ッ場ダムの暫定水利権の取水がなければ、取水制限の回数・日数とも、おそらく半分以下で済んだものと思われる。八ッ場ダムの暫定水利権を付与していること自体が、八ッ場ダムは利水で大きな役割を果たしていると言える。八ッ場ダムの水資源開発が喫緊の課題であり、1日も早く完成しなければならないことのこれ以上ない証拠である。

　この現状を見て、「水は余っている。八ッ場ダムの利水は不要だ」、また、一次元の数字の水利権量のみを見て、「水が余っている、十分だ」という人々がいる。水利権量のうち暫定水利権という中身のない空手形を中身があるように見なして、八ッ場ダムは不要だと主張されている。責任ある河川管理者は建て前の水利権量のみでなく、利水の安全度を加味した実質を見ている。どのような時でも水量が確保できるかを考え、2～数年ごとにやってくる取水制限の実態をどのように改善するかを考える。河川管理の実態は、単純な机上の論理通りにはいかない。

　ダムから下流の基準点に向けて利水補給しても、途中でにわか雨でもあれば、即、せっかくの虎の子の利水補給も半分は無駄になってしまう。河川管理、ダム管理の実態として、間違いのない状態把握もなかなか難しいが、それに輪をかけて、これからやってくる洪水のピークや波形の予測はもっと難しいのである。

（7） お粗末な東京の水備蓄

　東京が、"世界のビジネスの中心""世界の経済の中心"として恥ずかしくない近代都市であると胸を張れるためには、水の心配をせずに経済活動ができることが大前提である。また、日本の経済活動の一番の中心地であるのだから、首都圏の利水安全度は日本全国で一番高いことが望まれる。

　しかし現状では、2年に一度か3年に一度の割合で、渇水対策で取水制限をして、綱わたりでようやく切り抜けている。2～3年に一度取水制限を加えなければならないということは、経済活動において相当なダメージである。水を十分に使用したいのに、バルブを20～30%締められ、取水制限を受けなければならない。その延長線上で、断水も想定しておかなければならないだろう。首都圏東京の1人当たりの貯水量は30m^3、隣のソウルが392m^3、台北が118m^3、ニューヨークが285m^{3}である。このような状態で、果たして世界をリードする経済都市と言えるのだろうか。

（8）　「備える」という意識の欠如

　現代の日本においては、想定される水不足に対して、あまりにも「備える」という意識が欠如しているように見える。冷や汗もののヒヤリハットの事象が頻繁に生じており、自分の周りにもヒタヒタと実被害が生じてきている。明日にでも被害を被りそうな実情に対し、現状では自分に被害がないので、何もそれに対する備えをしようとしないようなものである。

　町に小さなボヤが頻繁に生じて、近所の人のバケツリレーにより大火にならずに済んでいる状況であったとしよう。町内会で火の用心の見回り回数を増やし、用水桶の設置箇所を増やす等の運動をしている時、自分の家は今まで出火していないので備えることは一切せず、火の用心の見回りの協力をしないというようなものである。

　また、日本の領海に中国の軍艦が頻繁に侵犯を繰り返している。沿岸警備の自衛隊は出動回数が増加して限界にきていて、増員増強が望まれる段階なのに、自分の住んでいる東京近傍にはまだ一切被害が及んでいないので、「増員増強する心配はない」と言っているようなものである。

（9）　国家百年の計としてのダム建設

　八ッ場ダムの利水の問題については、八ッ場ダムの計画が作られた50～60年前からの水需要の増加に対応することが前提になっている。フルプラン見直し等水需要予測は時点時点で修正してきている。その上で八ッ場ダムは必要とされ

ている。水需要は、人口増加や生活様式の向上で1970年に比べて3倍に増え、供給が追い付かずに渇水が頻発し、水資源開発が急務となった。ダムは国家百年の利水、治水の大計であり、その建設には50年、100年かかる合意形成のプロセスがある。中止にして金を返せば済むという問題ではない。

また、地元に話をせずに中止を決定することは、議会制民主主義に反する暴挙であり、関係者の意見を聞かず、国の一存で決められる問題でなく、一都五県の自治権を反故にするに等しい。

(10) 利水基準地点栗橋の流量図

平成6年および平成8年は全国的な渇水があった年である。**図7-11**は、草木ダムを含む利根川上流ダム群からの補給による利水の基準点の栗橋での年間流況図である。

4月5月の流量のある時に上流ダム群で貯留しておいて、水不足である6月、7月、8月、9月初旬に上流ダム群から$100m^3/s$オーダーの補給を行い、大渇水の急場をしのいだことが読み取れる。7月末から8月にかけて、ダム補給後も30％程度の取水制限でしのいでいることが読み取れる。ダム群からの補給がなければ、平成6年では約3億8千万m^3、平成8年では約4億5千万m^3の水量が不足したと推定される。

ダム群からの補給により、利根川の取水制限日数について、平成6年で173日を60日に、平成8年で183日を116日に、それぞれ低減できたと推定される。八ッ場ダムが完成していれば何とかしのぐことができたのにと、悔やまれる。

7. 水資源開発の知恵   121

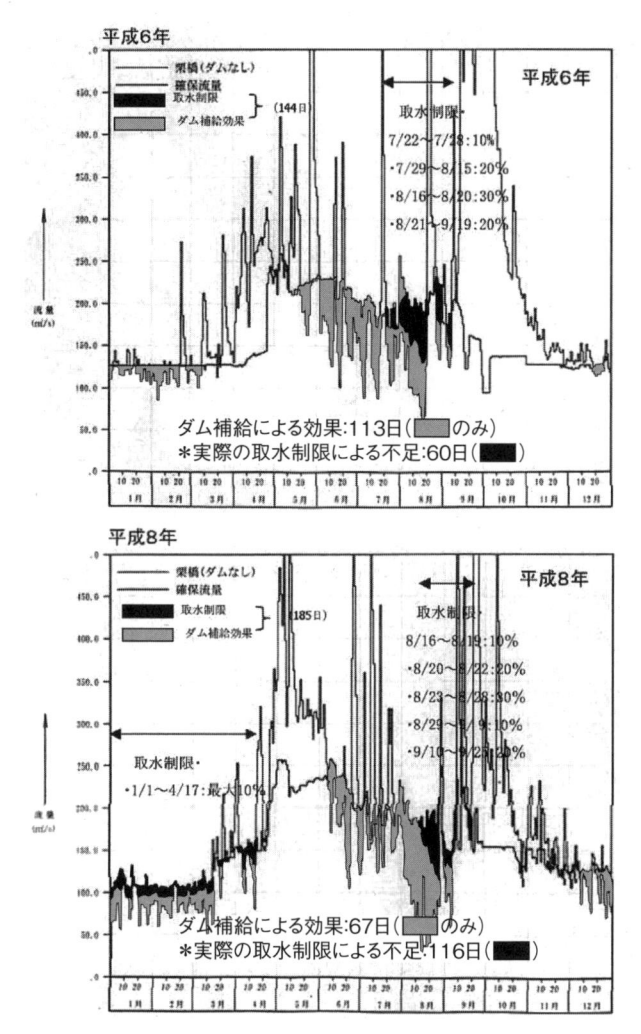

*栗橋地点：利根川の利水基準点であり、渡良瀬川合流点と下流の江戸川分派地点の間にある地点である。

図7-11　利水基準地点栗橋の年間流況図

(11) 利根川水系 利根川上流8ダムの渇水時の効果

図7-12は、平成6年および平成8年の7月下旬から9月末までの栗橋地点における利根川上流8ダムによる、補給状況図である。上流8ダムから下流基準点の必要水量の確保に向けて、見事に補給されていることが読み取れる。ダム残留域の突然の降雨等で無効となる補給量も出るのであるが、それも最小限で運用さ

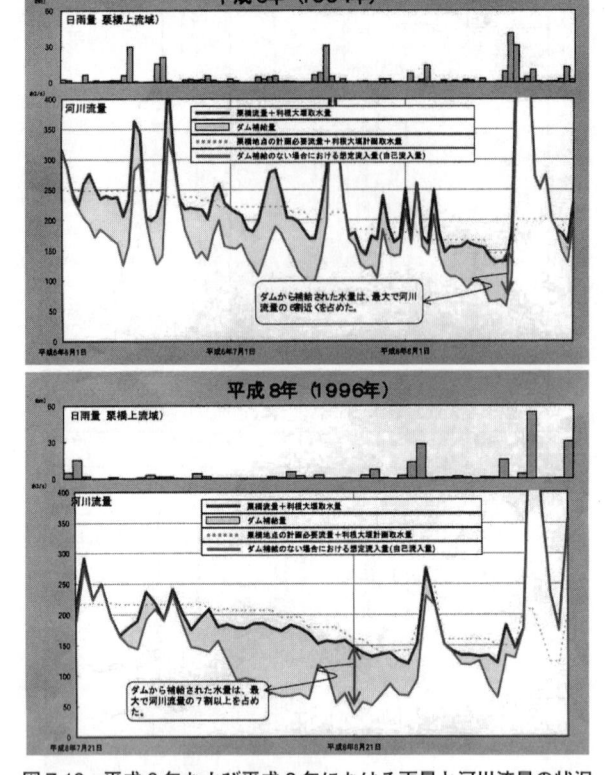

図7-12 平成6年および平成8年における雨量と河川流量の状況

れている。必要量確保できていない7月下旬から8月末日までは取水制限で切り抜けた。八ッ場ダムが完成していれば、必要量は確保されたであろう。

　渇水時におけるダム補給は天の救いである。ダムがなかったらと考えると空恐ろしい限りである。利根川においては、平成5〜14年で上流ダム群からの補給がなければ、10年中8年が50％以上の取水制限となり、極めて厳しい状況（時間給水、給水車出動、事業所等の営業への影響などなど）になっていたと推定される。平成8年の渇水時には、ダム群がなければ取水制限率は最大で85％にも達していたと推定される（図7-13）。

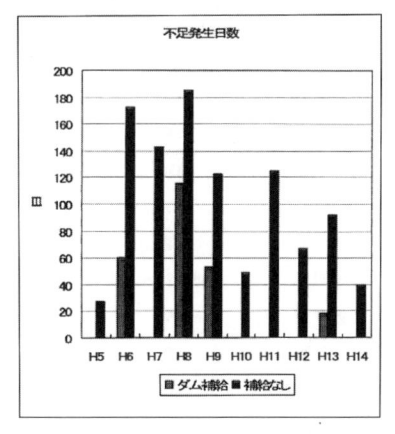

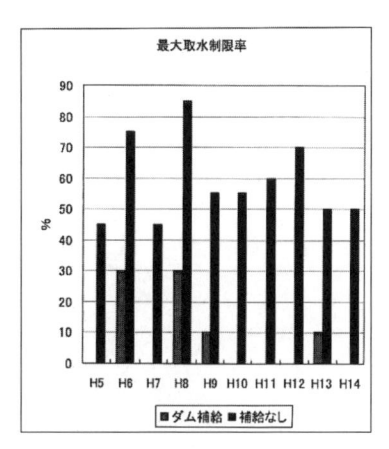

図 7-13 栗橋地点ダム有無流量における確保量に対する効果

7.4 渇水からの教訓

(1) 雨乞いと人工降雨

　日本は島国、陸地に降った雨は一瞬にして海に流下する。日本各地に雨乞い行事が伝わっている。東京の水ガメ・小河内ダムの水源では人工降雨実験が繰り広げられる。少し干天が続けば、命の水を貯めているダムだけが命の綱となる。そのダムも少し干天が続くと干上がってしまう。それもそのはず、利水の安全度は10年に一度程度の渇水に対応できるように計画されており、それ以上の日照りには節水でしのぐしかない。

　しかし、近年の気象異変で利水安全度は急激に低下していっている。少し干天が続けば、ダム貯水池の水は底をつく。例年のごとく渇水調整会議で取水制限を余儀なくされているのが現状である。

(2) 地下水取水は地盤沈下に直結——絶対に手をつけるべからず（教訓）

　永年にわたる地下水の過剰汲み上げによって、東京の江東区では4mを超える地盤沈下が生じた。濃尾平野は最大1m40cmで、区域は約400km^{2}近くに広がっている（**図 7-14**）。

図 7-14　濃尾平野の地盤沈下図と全国のゼロメートル地帯

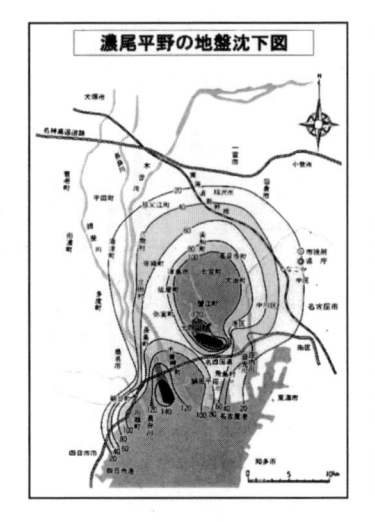

地域	ゼロメートル地帯(km²)
関東平野	160
九十九里平野	18
新潟平野	208
豊橋平野	27
岡崎平野	57
濃尾平野	395(32%)
大阪平野	71
高知平野	10
筑後・佐賀平野	253
その他	28
全国	1,227(100%)

　地盤沈下の結果、日本の主要都市が所在する沖積平野で、ゼロメートル地帯が 1,227km² に及んでいる。ゼロメートル地帯とは、堤防がなければ海面下の土地ということである。堤防が破堤すれば即海面下の土地となってしまう。排水機場（ポンプ）により内水を常に排水しなければ、人の住めない土地であるということである。ペースメーカーを付けている心臓みたいなもので、ペースメーカーが何かの拍子に外れれば、即、死を意味する。

　ゼロメートル地帯の河川堤防は、4,100km にも及ぶ。東京 23 区 621.2km² のうち、ゼロメートル地帯は 124.3km² で、23 区の 20%はゼロメートル地帯ということである。濃尾平野のゼロメートル地帯は 395km² であるハリケーン・カトリーナで壊滅的被害にあったニューオリンズを遥かにしのぐゼロメートル地帯である（**表 7-4**）。

表 7-4　ニューオリンズと濃尾平野の比較

	ニューオリンズ	東京 23 区	濃尾平野
ゼロメートル地帯	約 327km²（約 70%）	124.3km²（約 20%）	395km²
同上　人口	34 万人（ 〃 ）	150 万人	90 万人
堤防高	約 7 m		
マイナス標高	マイナス約 6 m	マイナス約 4 m（南砂 5 丁目）	

注：東京 23 区、干潮面以下 31.5km²（5.1%）、満潮面以下 124.3km²、高潮の脅威にさらされている地域（AP.t5m）以下 254.6km²（41.0%）

平成6年の首都圏渇水等で地下水に手をつけた結果、約320km²にわたる地盤沈下が再発した。絶対に地下水には手をつけるべきではない。

(3) 水利権表記を見直せ！

我が国は世界でも例を見ない低い利水安全度である。利水安全度を10年に一度としたところまでは良かったが、その後の気候異変で利水安全度は大幅に目減している。建前の水利権はあっても実質は、例年のごとく取水制限を受ける。水利権表示法を、**図7-15**のように名目と実質との乖離をなくす工夫をすることが求められている。

〔従来の水利権〕
Cm³/s
利水安全度の基本は10年に一度だが実感は大幅に低下している水系が多くある。
利水安全度が評価されていない。

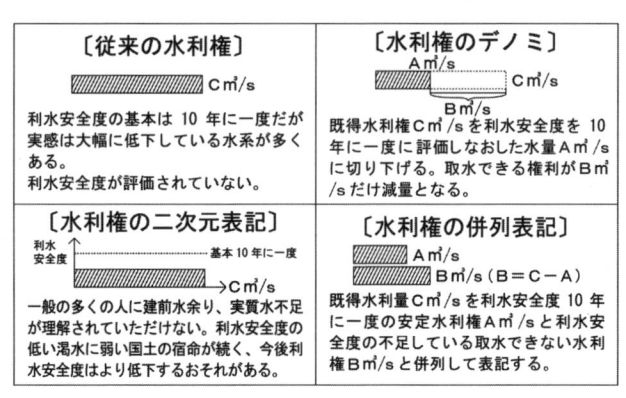

〔水利権のデノミ〕
Am³/s　Cm³/s
Bm³/s
既得水利権Cm³/sを利水安全度を10年に一度に評価しなおした水量Am³/sに切り下げる。取水できる権利がBm³/sだけ減量となる。

〔水利権の二次元表記〕
利水安全度　基本10年に一度
Cm³/s
一般の多くの人に建前水余り、実質水不足が理解されていただけない。利水安全度の低い渇水に弱い国土の宿命が続く、今後利水安全度はより低下するおそれがある。

〔水利権の併列表記〕
Am³/s
Bm³/s (B＝C－A)
既得水利量Cm³/sを利水安全度10年に一度の安定水利権Am³/sと利水安全度の不足している取水できない水利権Bm³/sと併列して表記する。

図7-15　水利権の表記

8. ダムに関する数々の誤解と反省

8.1 緑のダムは幻

(1)「緑のダム」構想の意図

　民主党鳩山由紀夫元代表の特別諮問機関「公共事業を国民の手に取り戻す委員会」が答申し、民主党のマニフェストのベースになった21世紀の新しい河川政策の目標である、コンクリートダムに代わる「緑のダム」構想とはどのようなものか。答申書の要点を下記に記す。

・林野庁の試算によると、我が国の森林の総貯水量は、ダムの9倍にもなる。水源涵養機能や土砂防止機能もあり、その効用はダムを遥かに上回る。

・我が国の人工林では、「間伐」や「蔓きり」が必要であるが、林野行政の貧困もあって間伐等必要面積のうち約88％が手つかずで放置されている。それに要する費用はダム1個の費用程度であり、それを実施すればダムを上回る効果を得ることができる。

・林野庁の財政赤字をすべて一般会計で補填し、技能職員を増やすと共に、民有林に補助金を支払う。中山間地域では「山のお守り料」として現地住民に対し現金給付（デカップリング）する。

　「緑のダム」を造るということは、はげ山等に植林することだと思っていたが、そうではないらしい。日本の森林面積は既に十分大きいので（日本の森林率は70％）、これ以上面積を増やすことは現実的ではないので、今既にある森林の間伐等林野行政では手の届かない所に河川の治水費や水道事業費を流用しろということのようである。

　緑のダムという耳触りのよい言葉の裏に、よこしまな意図が明確に記されている。ところで緑のダム森林は、本当にダムのような洪水調節機能や渇水時の水の補給機能があるのであろうか検証してみる。

（2）「緑のダム」の検証

「緑のダム」という言葉がダム建設反対論者にもてはやされている。

ダムによらない治水利水施設の代替案としていつも挙げられるのが「緑のダム」である。緑とは樹木や草類が多く繁る森林のことを指しているようである。ダムとは台風や豪雨の時の水を一時貯め込み（治水効果）、水不足の時、水道用水や農業用水等を補給する（利水）施設である。森林の土壌は降雨を浸透させ地下水となり、時間差をおいて河川へ流出するので、森林にはダムと同じような洪水調節効果がある。また、森林の土壌は渇水以前の降雨が地下水となり渇水時に流出して河川水を増量させるので、ダムと同じような水資源開発効果がある。このような論理から、ダムを止めて緑のダムを増やすことにより、洪水調節・利水開発としたらよいのではないかという理屈である。果たしてそうであろうか。

緑すなわち植物は動物と共に生物であり、水を介して養分を吸収し、個体を維持したり、成長したりしている。通常、樹木や草の根は土壌の地下水の不飽和領域に存在している。地下水は毛管現象によって飽和領域から不飽和領域に上昇する。それによって地下水が樹木に供給される。樹木に関係ある水の流れは一方通行であり、決して逆方向の流れはない。雨の日には葉面からの蒸発量は少ないので土壌からの水の吸収量は少なく、逆に晴れた日には葉面からの蒸発量は大きいので、土壌からの水の吸収量は大きくなる。樹木は地上に立体的に伸び、無数の葉が存在し、その総表面積は膨大なものになり、そこからの蒸発する水の量は膨大な量に達する。一方、森林が大の場合、森林が小の場合より表土層が厚く飽和するまでの浸透量が大きいではないかという。要するに蒸発量と地下浸透量と地下水からの流出量の関係で河川の流量が決まる（**図8-1**）。

図8-1 河川の流量の決まり方

(a) 大渇水時

森林大の場合と森林小の場合での比較をしてみよう（**図 8-2**）。

		降雨量 (R)	蒸発量 − (E)	浸透量 − (P)	地下水 + (流出UF)	河川 = 流量OF	
大洪水時	森林大 (表土大)	(R)	− (ゼロ)	− (ゼロ)	+ (UF)	= OF	大
	森林小 (表土小)	(R)	− (ゼロ)	− (ゼロ)	+ (UF)	= OF	小
大渇水時	森林大	(ゼロ)	− (E大)	− (ゼロ)	+ (UF)	= OF	小
	森林小	(ゼロ)	− (E小)	− (ゼロ)	+ (UF)	= OF	大

図 8-2　「緑のダム」の幻

干天続きである降雨量（R）は共にゼロである。また降雨量ゼロに伴い浸透量（P）も共にゼロということになる。地下水から河川への流出量（UF）はこれまでの地下水が徐々に流出してくる分である。地下水からの流出（UF）は、共に長い干天続きで共に同じオーダーで少ないと見なせるのではないか。地下水流出（UF）を表層からの地下水流出分（UFs）と深層からの基底地下水流出分（UFB）に分けて考える。(UFs) は森林大の場合、森林が地下水を必死に吸い上げる分だけ森林小の場合より UFs も小さくなると考えられる。(UFB) は基底地下水流出分なので、森林大の場合も森林小の場合も変わらないものと考えられる。

問題は森林大の場合、樹木は枯死を免れるために必死で地下水を汲み上げて蒸発させるので蒸発量（E）は森林小の場合と比べて有意に大となる。

以上の結果、河川流量（OF）は (R) − (E) − (P) + (UF) なので、森林大の方が森林小よりも有意に小さくなる。すなわち大渇水時には森林大の方が河川流量は小さくなる。緑のダムで期待された水資源涵養効果はマイナスということになる。

(b) 大洪水時

ダムは何十年確率という豪雨時、ダムに入る洪水ピーク流量をダム貯水池で一時貯留して、ダム下流へピークをカットした分だけ放流する。これがダムによる洪水調節効果である。「緑のダム」は果たしてダムと同じように洪水のピークを低減させる効果があるだろうか。ダムの洪水調節計画で対象としている大降雨（豪雨）時には、蒸発量はゼロと考えられる。また、地下への浸透量については事前の降雨で表土層は既に飽和しており、降った雨量は 100％直接流出することとなる。

森林大の場合も森林小の場合も、直接流出量（SF）＝降雨量（R）－蒸発量（E）－浸透量（P）は同じと考えられる。しかし、森林大の場合、表土層は厚く事前の降雨で飽和しているので、そこからの地下水流量（UF）は森林小の場合の表土層が薄い場合より遥かに大きいと考えられる。したがって、河川流量（OF）は表土層の厚い森林大の場合の方が森林小の場合より有意に大きくなる。すなわち、「緑のダム」の治水効果はマイナスで、大洪水時には、森林大の方が洪水のピークは大きくなる。ダムの機能は"洪水の時に水を貯め、渇水時に水を補給する"ものであるが、森林は「雨の日には水を吸ってくれないだけでなく、常時、特に晴天時には大量の水を消費する」。緑は、一般に信じられているダムの機能とは逆の働きをする。

　樹木は「ダム」の機能と反対の働きをするものであって、ダムの代替えができる代物ではない（**図 8-3**）。

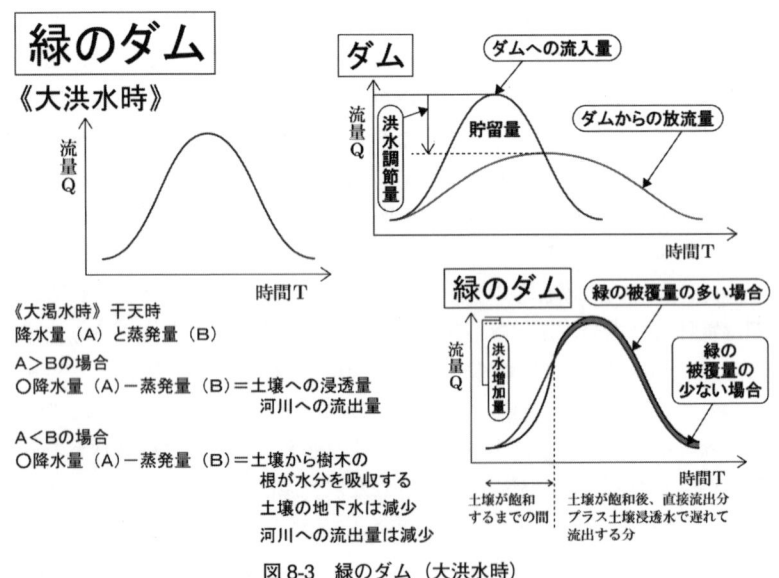

図 8-3　緑のダム（大洪水時）

　森林による河川流量の変化について書かれている本がある。『黄河断流』、福嶌義宏著である。四大文明の1つを育んだ黄河が1990年代、下流の流れが一滴も流れなくなる事態が頻繁に起こるようになった。その原因は、用水過剰取水などの人工的な要因ではないかと私などは何となく思い込んでいた。本書はその要因を科学的に分析している。

黄河流域の砂漠地帯が植林され、被覆された結果、樹木の蒸発量が増大し、利用可能な河川流量が低下したと分析している。実に衝撃的な内容である。

流域の植生が中小洪水流出の緩和に寄与する一方、蒸発散量を増加させ低渇水流量を大幅に減少させたのである。緑のダムが幻であることの実物実証モデルであると言えよう。

8.2 ダムの堆砂問題は深刻な環境破壊だ！

（1） ダムは堆砂、巨大な廃棄物となる

マスコミ報道においては、「ダムは環境破壊の元凶である」ことが基本論調となっている。「日本のダムは想定を超える速さで堆砂が進んでいる。ダムは堆砂が進み100年後には満砂し機能しなくなる。巨大な廃棄物となる。ダムは河川における土砂移動を分断しており、白砂青松の美しい海岸の砂浜がなくなったのは、ダムが原因だ。ダムを撤去し白砂青松を取り戻せ‼」等々というような主旨の主張が行われてきた。それらについて検証してみる。

（2） 堆砂の現状——堆砂率が20％を超えるのは5水系のみ

全国のダムの堆砂の現状（国土交通省の平成11年度調査によると）は、堆砂率が20％を超えているのは、一級水系のうち中央構造線に沿う那賀川、四万十川、天竜川、大井川、富士川の5水系のみの特異事例の話である。ほとんどの河川では5％以内である（図8-4）。

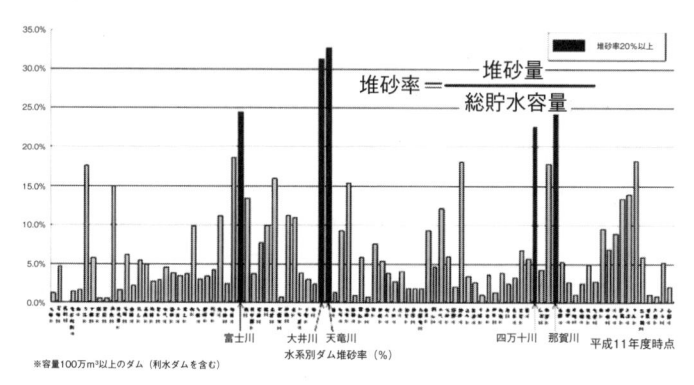

国交省直轄と水資源機構の89ダムを調べると、堆砂の進度は計画で見込んだものに対して全体で約9割となっており、これは計画の範囲内と考えられる。

図8-4 堆砂率が20％を超えるのは5水系

さらに堆砂は、計画で見込まれた規定の範囲内に収まっている。中央構造線などの脆弱な地質地帯における一部特異事例を取り上げて、あたかも全国すべてのダムにおいても同じような現象が生起しているのかのように報じられている。

・那賀川は長安口ダム、川口ダム、小見野々ダムの3ダムでその総貯水量は7,749万m^3でその堆砂率は約25%。

・四万十川は、ダムも堰もない清流と言われているが、発電用の津賀ダム・初瀬ダムの2ダムがあり、その総貯水量が2,075万m^3で、その堆砂率は約23%。それに、多目的ダムの中筋川ダム、総貯水容量1,260万m^3が平成10年（1998）に完成し加わった。

・大井川は畑薙第1ダム、畑薙第2ダム、井川ダム、笹間川ダム、奥泉ダム、千頭ダム、大間ダム、境川ダム、赤石ダムの計9ダムで総貯水量は約28,900万m^3で、その堆砂率は約30%強である。これらのダムはすべて発電専用ダムである。それに新しく多目的ダムの長島ダム総貯水容量7,800万m^3が加わった。

・富士川は土砂流出の多い本川や釜無川にはダムはなく、支川に雨畑ダムや西山ダム、広瀬ダム、大門ダム、荒川ダム、塩川ダム、柿元ダムの計7ダムが建設されており、その総貯水量は約6,387m^3で、その堆砂率は約25%である。堆砂が進んでいるダムは発電専用の雨畑ダムと西山ダムの2ダムでフォッサマグナの線上のダムである。

・天竜川は泰阜ダム、平岡ダム、佐久間ダム、秋葉ダム、水窪ダム、船明ダムの発電専用6ダムが本川にある。それらの総貯水容量、約460百万m^3で堆砂率は約30数%ある。その他支川に多目的ダムとして新豊根ダム、片桐ダム、横川ダム、松川ダム、高遠ダム、箕輪ダム、美和ダム、小渋ダムが建設されている。堆砂で問題になっているのは、中央構造線に沿う天竜川本川のシリーズに建設された発電用ダム群である。

以上、天竜川水系で堆砂が進んでいるダムは、ほとんどが昭和30年代までに建設された発電専用ダムである。国土交通省直轄と水資源機構の89ダムを調べると、堆砂の進行度合は計画で見込んだものに対して全体で9割となっており、これは計画の範囲内に収まっている。

〔コラム〕ダムが満砂し、巨大な廃棄物となる

　貯水することを目的としているダムの堆砂が進み、貯水空間すべてが埋まれば確かに機能しなくなる。土砂崩壊が進んでいる河川においては、土砂災害をくい止める砂防ダムが設置される。砂防ダムが土砂で満砂しているのはよく見受けられる。

　砂防ダムは満砂してから、本来の土砂災害を軽減する機能を果たしている。
① 満砂することにより、その所の河底勾配が急に小さくなるので、土石流は、この所で一気に堆積する。このことにより、下流への土石流をくい止めている。
② 満砂することにより、河川の下方浸食と左右岸山地斜面の崩壊をくい止めている。

　砂防ダムの上記2つの土砂災害の軽減効果は絶大である。砂防ダムが設置されると目に見えて下流の土砂災害は減る。

　土砂災害で長年苦しめられている地方の方は、このことをよく熟知されている。しかし、都会の人はこの状況を見て、ダムが満砂して、もう機能していないと、よく誤解される。ダムで堆砂が進んでいるダムの上位50くらいを見ると、2,3の例外を除き昭和65年頃までに建設された、発電専用ダムばかりである。これらの発電ダムで満水位近くまで堆砂が進んでいるダムも見受けられるが、ダムの当初目的の役割機能を果たしている。発電量は水量と落差の積である。貯水池の堆砂が進んでも水量と落差が確保されているので、発電を支障なく続けられている。

　確かに堆砂が進んでいるものもあるが、決して巨大な産業廃棄物とはなっていない。現役の重要な産業基盤施設なのである。洪水調節を目的とする治水ダムや、都市用水や農業用水の補給を目的とする利水ダムは水を貯える貯水空間があることにより、ダムの役割機能を果たす。

　このような治水・利水目的のダムでは、堆砂を予測してダムの機能の治水容量、利水容量の他に100年分の堆砂容量が確保されている。100年後に堆砂によって、ダムが満砂となり、ダムの機能がなくなるということではない。ほとんどのダムは堆砂の進行度合は当初の予測値の範囲内である。予測以上に堆砂が進んでいるダムもあるが、せいぜい1～2割程度早いくらいである。堆砂が進んでダムの機能に支障をきたしているダムはない。ダムの機能に支障をきたす恐れが出てくれば、当然のことながら、浚渫等、適切な

維持管理が行われることとなる。橋梁の塗装等の維持管理をするのと同様である。

　堆砂が進んでいる発電ダムと堆砂させることを目的としている砂防ダムのイメージでもって、貯水を目的とする治水・利水ダムを環境破壊のシンボルであると意図的にまつり上げている。マスコミが、ダムが土砂で満杯となり、ダムが機能しなくなっていると報道すれば、荒廃河川の満砂している砂防ダムのイメージと重なり、誤解されてしまうようである。

(3)　ダムと白砂青松の砂浜
(a)　白砂青松の砂浜の現状

　日本は白砂青松の美しい砂浜が各地にあった。そのうち、いくつかの美しい砂浜が削られて小さくなり、かつての景観が損なわれてきている。美しい砂浜を取り戻すため、養浜海岸や離岸堤などの対策が行われ、その結果砂浜の復元の効果が現れてきている所も多い。海岸工学の地道な研究効果が順次現われてきている。

　この砂浜が細まってきた原因は、ダム湖の土砂堆積であるとマスコミは、けたたましく報じている。国民の多くの人は、マスコミの報道により、白砂青松の美しい砂浜がなくなった原因はダムの堆砂によるものだと思っている。本当にそうであろうか。

　海岸侵食とは、主として砂浜海岸において定着堆積する土砂量が海域へ流出する土砂量を下回り、結果的に汀線が後退する現象である。

　海岸侵食により、白砂青松の砂浜が減少した原因としては、①港や突堤等の沿岸構造物による沿岸漂砂の連続性の遮断や、②埋立て等のための海岸砂利の採取、③天然ガス採取や地下水の過剰汲み上げによる地盤沈下、④治山や砂防事業の結果、大規模な山地崩壊の減少に伴う河川への土砂供給量の減少、⑤河川の土砂流送過程におけるダムによる掃流砂等の抑止分、海への土砂供給量の減少、⑥河川砂利採取による海への土砂供給量の減少等が挙げられる。

　その原因は箇所ごとによって異なる。高知海岸（高知県）や志布志湾（鹿児島県）の海岸は海砂採取が主な原因だと言われている。九十九里浜（千葉県）は、海岸の護岸工事等により海食崖等からの土砂供給が減少したことが主原因だと言われている。新潟海岸（新潟県）は、天然ガス採取や地下水汲み上げ過剰による地盤沈下と河口位置の変更によるものと言われている。また、港や突堤の建設により沿岸漂砂の連続性が断たれたことが原因ではないかとされている海岸は全国に多くある。その他、河川からの土砂供給量が減少したことが主原因となって失

われつつある海浜がある。
　河川の河口からの土砂供給量が減少したことが原因と考えられるものも、その要因を分類すると、
① 流域の山地崩壊か、治山や砂防事業の結果、土砂供給量が減少したことによる。すなわち流域の不安定土砂の生産量の減少によるもの
② 流域の不安定土砂の下流への流送過程で砂防ダムや貯水ダムで、流送途中で扞止されて海への土砂供給量が減少したもの
③ 河川区域において河川砂利採取により海への土砂供給量が減少したことによるもの

とに分類することができる。
　河川からの土砂供給量が減少したことが主要因と言われている海岸としては清水海岸（静岡県）、皆生海岸（島根県）、遠州海岸（愛知県～静岡県）が有名である。それらの海岸について、上記の3要因について因果関係をそれぞれ考えてみたい。

(b) 安倍川と清水海岸の因果関係

　かつては安部川河口から供給された土砂量（A）は、清水海岸から流出していった土砂量（B）とはバランスが取れていたと考えられる。川砂利採取とフォッサマグナに沿う大谷崩れ等の大崩壊をようやく食いとめたことの結果、土砂供給が減ったことは確かである。
　砂利採取に伴う河口からの侵食域が清水海岸に達している。砂利採取が禁止され離岸堤設置とあいまって河口から汀線回復が伝播しつつある状況である。この場合も、ダムの堆砂が原因で白砂青松の砂浜の汀線が後退したわけではない。

(c) 日野川と皆生海岸との関係

　日野川河口の皆生海岸や境港がある砂嘴の弓ヶ浜は、日野川上流の砂鉄採取の鉄穴流しによる大量の土砂供給により造られたものであろう。鉄穴流しが行われなくなった現在、日野川河口よりの土砂供給量は大幅に減少し、皆生海岸の砂浜は減少した。その後離岸堤等の効果もあって、相当砂浜が戻ってきつつある。日野川には菅沢ダム、その支川法勝寺川には県営の賀祥ダムが造られているが、共に堆砂が問題になるほど貯まっていない。
　すなわち、この場合についても、ダムの堆砂が原因で白砂青松が喪失したということではない。

(d) 天竜川と遠州海岸

　遠州海岸の海岸浸食の主要因は天竜川からの土砂供給が減少したことであり、昭和35年頃から活発になってきている。この海岸への土砂供給量の減少の原因

としては、砂利採取とダム貯水池での貯留が挙げられる。

　天竜川は南アルプスと中央アルプスに挟まれている伊那谷を流下しており、周辺には中央構造線や多くの断層等があることから、急峻な地形と脆弱な地質から大規模な山地崩壊を繰り返すなど、土砂流出が極めて多くなっている。なお、この流域の大規模な山地崩壊や土砂流出は治山事業や砂防事業の効果があって減少してきている。

　一方、天竜川本川には5つの電力ダムが設けられているが、これらは天竜川中流部に位置し、上流から、泰阜ダム、平岡ダム、佐久間ダム、秋葉ダムおよび船明ダムがほぼ連続している。

　佐久間ダムは貯水池容量が約3億3千万m^3と極めて大きく、平成16年時点での堆砂率は約35%であり、戦前に既に満砂していた泰阜ダムや昭和36年6月の伊那谷災害の際にほぼ満砂した平岡ダムを通過したウォッシュロードを除く流送土砂を捕捉し続けている。

　佐久間ダムが完成した後の昭和43年頃までは、下流河道における砂利採取も相当程度行われており海岸浸食に影響を及ぼしていたが、現在では、佐久間ダムが、遠州海岸への土砂供給を直接的に遮断する主たる要因となっている。一方、天竜川の治水対策を主目的とする天竜川ダム再編事業が実施されているが、その中で佐久間ダムや秋葉ダムに対して恒久的な堆砂対策を実施することにより土砂移動の連続性を確保しようとしている。

　なお、佐久間ダムは、その流域面積が天竜川全体の流域面積の3/4を占めるとともにその下流の土砂生産量が多くない中流部下流端近くに位置しており、全国的には稀な事例であることを忘れてはならない。

　国土交通省の国土技術政策総合研究所や土木研究所では、山地から海岸までの土砂移動に関する研究が何年も前から進められている。相当なデータの集積もできてきたことであろう。微視的でなく、マクロの視点からの解明を期待している。

(4)　ダムを撤去すれば白砂青松が戻るのか？

　ダムは環境破壊の元凶であると決め付けられ、ダムを撤去すれば白浜青松の砂浜が戻るかのような世論を誘導している。果たしてそんなに自然現象は簡単なものだろうか。

　(a)　白砂青松をとり戻すための3条件

　白砂青松の砂浜の汀線後退をくい止めるための条件は何か。ここでは、ダムの堆砂が影響しているのではないかと考えられる場合について、考えてみたい。

8. ダムに関する数々の誤解と反省　　137

汀線後退前と同じ自然条件にすれば、汀線の後退は止まると考える。すなわち、

① かつては流域の山地荒廃が激しく土砂供給量が多かった。
② かつては、河口まで土砂移動を阻害するダムがなかった。
③ 河口から海砂までの土砂移動に関わる海象現象がかつてと同じ。

以上の3つの条件を満足すれば、汀線の後退はくい止めることができると考えられる。そのうち③の条件は、海流等、海の複雑な現象で、各地によって条件が異なるので、一般的な議論を行うことはできない。

(b) 流域からの土砂供給量の減少

江戸時代以前、日本の最も重要なエネルギー源は薪炭であった。薪炭用の用材を近傍山地に求めた。陶器の産地（瀬戸地方や信楽地方、備前地方、等々）やタタラによる砂鉄の産地（斐伊川・日野川流域等々）では特に大量のエネルギーを必要とするため、山地の山林を大量に伐採した。その結果、日本各地は禿山だらけになっていた。明治以前、神戸の港に入る船から真白に覆われた六甲山を見れば、雪の冬山と間違われるほどだったという。

全国各地に広がる禿山は、豪雨のたびに山地崩壊を起こし大量の土砂が河川に供給され、土砂災害は深刻であった。禿山を緑にする、先人たちの大変な労苦が実り、我が国から禿山はほぼなくなり、緑が蘇ってきた。その結果、山地崩壊による土砂災害が激減した。これによって河川や海岸への土砂供給量も大幅に減少したことも確かである。

(c) ダムの撤去

ダムを撤去すれば、まず河川が変わる。ダムの堆砂量が河口まで流送されて、海岸の砂浜が戻るかどうかは別問題である。ダム湖がなかった時、山間部から平野部に移った所は河底勾配の急変部で、そこで流砂する力が急減し、そこでまず掃流砂等が堆積する。浮遊砂やウォッシュロードについては、ダム撤去にかかわらず、洪水時に濁水となってさらに下流まで流送されることとなる。そしてできたのが扇状地である。扇状地の扇頂部から洪水のたびに氾濫し、流路を右へ左へ変えながら、まんべんなく堆砂されて均整のとれた美しい扇状地が形成されてきた。

荒野で水不足の扇状地も近年、用水が供給され優良農地に変わってきた。農地を氾濫から守るために堤防が築かれ河道が固定化されてくると、上流から供給される土砂は河道内に堆積し、どんどん河底が上がり、河積が小さくなり、河川の疎通断面が減少し、洪水危険度は増えて、それに対して、また、堤防を高く築くという天井川化の輪廻に入っていった。堤防を切れないように築けば築くほど、

破堤時の危険性は増す。

　近年ダムが建造されてから、天井川化の進展は止まってきた。ダムを撤去すれば、また天井川化が進むことは間違いない。ダムの撤去をしても、流域の土砂供給量が大幅に減少しているのである。白砂青松がただちに戻るという簡単な因果関係ではない。

　要約すると、白砂青松の新しい砂浜の風情は日本人の誇りである。その砂浜の汀線が、後退してきている砂浜がある。その原因はダムが原因であるかのごとく報道されている。確かにダムが主原因とされる天竜川の場合のような事例もあるが、極めて特異な事例と考えるべきものである。

　ダムを撤去すれば、ダムで流送土砂を捕捉していた分は、確かに捕捉されなくなるが、それは河底勾配の変曲点で堆積してしまい、河口まで流送されるかどうかは、別問題である。間違いないことは、かつて流域の山地が荒廃していたことによる、大規模な崩壊地からの大量の土砂生産が、植林や治山砂防事業で治まってきたことが、砂浜への土砂供給を大きく減らしてきたことである。

（5）　ダム報道に見る問題点
　(a)　10％弱しか貯まっていないものを大半が半分以上埋まっていると報道!!
　2002年11月18日の朝日新聞朝刊一面のトップ記事と二面で大々的に『44ダム半分以上埋まる』中規模以上　国交省調査、『浚渫にも巨額の費用』『河口は海岸線後退』『ダムが寸断「死んだ」川』という見出しで報じ、さらに堆砂率の高い50ダムの堆砂率が載せられている。

　田中康夫氏が「脱ダム」論を展開し、2度目の知事に再選された直後である。この新聞記事で『脱ダム』が一拠に世論の中央に踊り出ることとなった。この新聞記事は意図的に誤解を誘導しており。この誘導が日本の脱ダムの世論方向性を決したと言って過言ではない。この朝日の新聞記事は、有効貯水容量のことも堆砂容量のことも一切あえて意図的に記していないのである。一般の人は、ダム貯水池の有効貯水容量とか堆砂容量というものについて知っている人は、まずいないであろう。

　図8-5を見ていただきたい。計画堆砂量という概念がある。計画堆砂量とは、ダム湖に100年間に流入してくると仮定した土砂の容量である。すなわち堆砂率50％ということは、総貯水容量の50％が砂で埋もれているのではなく、堆砂容量の50％が砂で埋もれていることを意味する。そもそも、総貯水容量から有効貯水容量を引いた残りの容量として堆砂容量（堆砂容量とは、ダム容量のうち、砂等により埋まることをあらかじめ想定して準備している容量）が算出される。

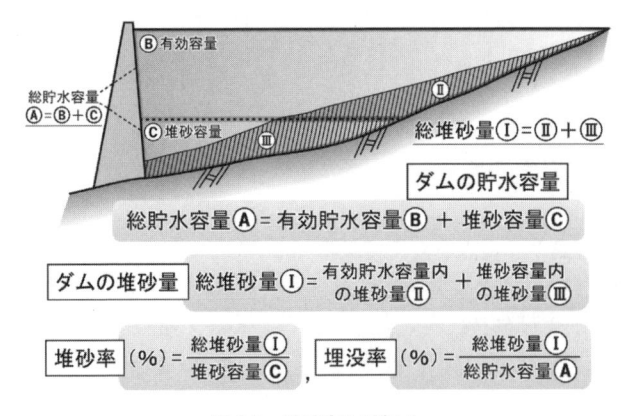

図 8-5 堆砂率とは何か

　一般の人は堆砂率とは、堆砂量を総貯水容量で割ったものというイメージがある。これは、同じ堆砂率の用語を用いれば誤解を招く。大マスコミは故意に誤解を誘導するような記事を書く。総貯水容量に占める堆砂量の割合は、埋没率という別の用語を用いることを提案したい。平成17年度の国交省の全国の974ダムの調査によると、国交省所管の411ダムの埋没率は6％。328の発電ダムの埋没率は12％。その他の農業用ダム等の埋没率は6％。全ダムの平均では8％であると報告されている（図8-6）。

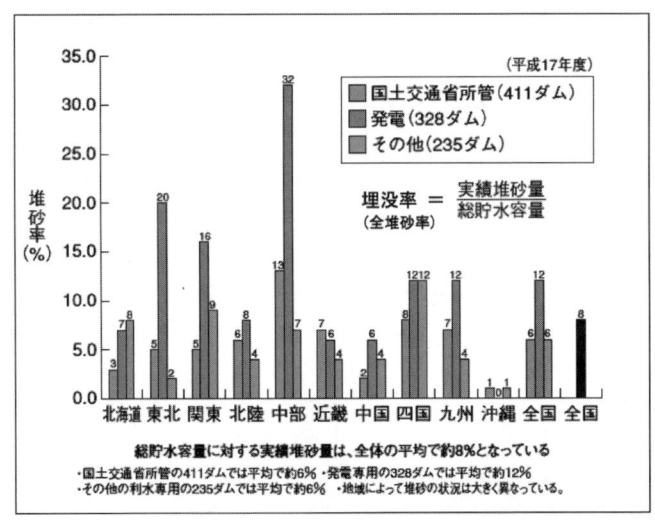

図 8-6　都道府県別ダムの埋没率

わずか10％弱しか堆砂していないものを土砂で満杯になったように報道することは、その背景にあるダムに対する厳しい基本論調を反映したものと考えられる。公器と言われる新聞にふさわしい報道が望まれる。

8.3 ダムと環境問題

（1） 朱鷺は害鳥？　視点を変えて見る

トキの学名は、ニッポニア・ニッポンで、日本のシンボルの大切な鳥である。1700年代にはトキは無数に生息していた。しかし、かつては田圃や畑を荒らす害鳥であった。新潟の「鳥追い歌」に「一番一番にくい鳥はドウ（トキのこと）とサンザ（サギ類のこと）と小スズメ（スズメのこと）　押して歩くカモの子立ち上がれ　ホーイホーイ」と歌われていた。憎い害鳥の筆頭であるトキを徹底的に殺した結果、2003年10月10日、日本産のトキは完全に絶滅したのである。

コウノトリ目トキ科の仲間は、23種いる。日本に住んでいるトキは中国系のトキである。せっかく駆除に成功した害鳥のトキを、わざわざ中国から持ち込み、増やして野生化しようとする。100年オーダーの時間スケールで見た場合、なんと無駄で有害無益なことをやっているのではないか。時間スケールを長くとって、視点を変えて見ることが重要である。

（2） 人工河川

（a） 琵琶湖の人工河川

図8-7は、湖産アユの故郷、姉川と安曇川の河口部に造られた人工河川である。

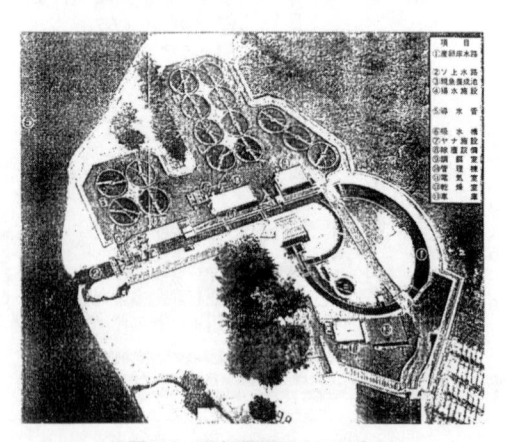

図8-7　滋賀県姉川人工河川

人工河川とは、アユが産卵しやすい場所を造った人工の河川であり、水温、流速、河底の砂利の大きさの分布など、産卵しやすい環境を整備したものである。さらに、アユの卵を襲うヨシノボリが水路に侵入しないように防護ネット部分に武者返しの仕掛けを作ってあるため、天敵のヨシノボリにやられることもなくなったのである。そのような形でアユの産卵を増やし、稚魚を育成し、アユを増やすことができるようになった。琵琶湖のアユ資源の安定化に大きく貢献している（表8-1）。

表8-1　アユの漁獲量の変化
湖産アユ

年	漁獲量(t)
1965年～1969年平均	228
1970年～1974年平均	307
1975年～1979年平均	436
1980年～1984年平均	586

(b)　姉川と安曇川の人工河川

琵琶湖への二大流入河川である姉川と安曇川の河口に造られた2つの人工河川は、旧水資源開発公団の琵琶湖開発事業の補償対策として、滋賀県水産試験所の協力を得て設置されたものである（表8-2）。この施設は、ノーベル賞級の発明と言ってもいいほど、優れた構造になっている。

表8-2　姉川と安曇川の人工河川諸元

	姉川人工河川	安曇川人工河川
産卵床水路	幅3.0m～0.6m×高0.8m 延長　193m 水路勾配　1/500	幅7.3m×高1.0m 延長　653m 水路勾配　1/700
ポンプ施設	斜流渦巻きポンプ 0.092m³/s×4台 取水管 φ700mm×106m（温水用） φ700mm×251m（冷水用）	斜流渦巻きポンプ 0.092m³/s×4台 取水管 φ800mm×190m（温水用） φ900mm×285m（冷水用）
親魚養成池	円形水槽 φ11.3m×H1.4m×15面	円形水槽 φ11.3m×H1.4m×3面
設置年月日	昭和56年3月	昭和56年3月

(3) 天然アユ
(a) 天然創生ダム湖の条件

かつて琵琶湖の流入河川で孵化したアユは、琵琶湖を経由して大阪湾へ下ったが、現在は広い琵琶湖を海と勘違いしてしまい、ここに留まるようになった。これを陸封化という。同じように、新しくできたダム湖を海と勘違い、ダム湖と流入河川との間を行き来するアユが出てきた。そのようなダム湖を「天然創生ダム湖」と称している。**表8-3**のような条件が整うと、天然創生ダム湖ができてくる。

表8-3 天然創生ダム湖の条件

1）湖水面積	$1.0km^2$ 以上（例外　御池）
2）水　深	最大水深　20m 以上
3）肢節量	人工湖では 4 以上、天然湖は関係なし
4）標　高	人工湖　400m 以下、天然湖バラツキ大
5）位　置	関東以西
6）水　温	人工湖では最低 4℃ 以下のものはない、天然湖にはある
7）pH	天然湖、人工湖ともに 8 以上
8）栄養型	天然湖は貧栄養型、人工湖は中栄養型が主
9）プランクトン	人工湖は天然湖に比較すると中以下の量

(b) 天然アユと人工アユの比較

「鵜呑みにする」という言葉がある。物事の真意をよく理解せずに何でもかんでも受け入れることを鵜呑みという。長良川河口堰の建設が議論されていたとき、時の環境庁長官は、鵜は賢いので天然アユしか食べない。人工アユは食べないので、長良川の鵜飼いはなくなるという主旨の発言をされた。鵜呑みという言葉の意義を少し誤解されていたようである。

天然のアユと人工のアユは、どこで見分けるのか。**表8-4**は、アユがどこで産卵しどこで孵化し、どこで流下し、どこで（幼少期3g程度まで）大きくなるのかを比較したものである。

この表で、天然アユと人工アユをどう区別するのであろうか。産卵した場所と孵化した場所が、河川の場合は天然アユと言い、その他は人工の手が加わっているので人工のアユと言っているのであろうか。アユの耳石を高精度の顕微鏡で詳細に調べれば、そのアユがどこで産まれて、どこで育ったか等アユの生育環境が分かると聞いたことがある。

表 8-4　天然アユと人工アユの比較

		産卵	孵化	流下	3g 程度まで	養殖(%)	河川放流(%)
湖産	人工河川仕立	場の提供 天然	場の提供 天然	孵化直後 孵化直後	湖 プール	22	78
海産	海産 河川産	河川 河川	河川 河川	孵化直後 孵化直後	海 海 or 河川	63 6	37 94
人工種苗		採卵 人工授精	人工プール	人工プール	プール	15	85
養殖		—	—	—	—	100	0

（4）ダムと魚道
（a）魚道対象魚の遊泳力

ダムは河川を分断して、魚の遡上・降下を妨げる。したがって、魚道を設けなければならない。欧米にはアユがいないので、サケ・マスである。サケ・マスの遡上する時の突進速度は、ある程度大きい。しかし、アユの遡上期の稚魚は小さいため、突進速度・能力は、サケ・マスと比べて極めて小さい。つまり、サケ・マスの魚道設計よりも、アユの魚道設計の方が格段に難しいのである（**表 8-5**）。

表 8-5　魚道対象魚の遊泳力

	体長(平均 cm)	巡航速度(cm/s)	突進速度(cm/s)
サケ	80	240	800
カラフトマス	55	170	550
サクラマス	50	150	500
サツキマス	30	90	300
アユ（成魚）	18	117	270
アユ（遡上稚魚）	6	40	90

（b）供用中のエレベーター式魚道

欧米には、ハイダムにエレベーター式魚道が付けられている（**表 8-6**）。しかし、日本のダムには魚道が付けられていない。その点では日本は遅れており、日本のダムは環境に優しくないという。そこで、日本の学者たちは、欧米のダムを見習えと異口同音に言い出した。欧米にあって日本になければ、学者は必ずといっていいほどこのような言動に走る。

表8-6 供用中のエレベーター式魚道

ダム名 完成年	魚道の 完成年	近郊都市　州	河川名	ダムの 高さ (m)	エレベーター 魚道の形式	魚道の 高さ (m)	対象の魚	備考
Holyoke 1900	1955、 1975	Holyoke Massachusetts	Connecticut	9	シャフト式	11	Shad、 Blueback Herring	米国内の先 駆的なもの
Turners 1971	1980	Oceanside California	Moosa	34	シャフト式		Shad	米国
Bellows 1972	1984	Pine Hall N. Carolina	Belevs	50	シャフト式		Shad	米国
Wilder 1941	1987	Forest Inn Pennsylvania	Wild Creek	41	シャフト式		Shad	米国
Tuiljre 1908		Bergerac Dordogne	Dordogne	33	シャフト式		ニシン サケ類	仏国
Golfech 1971	1987	Molssac Tarn-et-Garonne	Garonne	19	シャフト式	22	ニシン サケ類	仏国初めて のエレベー ター式魚道

原　稔明：ヨーロッパなどの魚道事情、ダム水源地センターから作成

(c) 小牧・祖山堰堤エレベーター式魚道と先進事例との比較

しかし、本当に日本のダムは環境に優しくないのだろうか。欧米の供用中のエレベーター式魚道よりも早く、より高い小牧ダム・祖山堰堤で、エレベーター式魚道が造られていた（**表 8-7**）。

表8-7 小牧・祖山堰堤エレベーター式魚道と先進事例との比較

	堰堤名	Condit	Baker	小　牧	祖　山
	堰堤の完成年	1931	1925	1929	1929
場所	国 州　県 近郊都市	米　国 Washington Underwood	米　国 Washington Concrebe	日　本 富山県 庄川町	日　本 富山県 庄川町
	河川名	White Salmon	Baker	庄　川	庄　川
	堰堤の高さ (m)	38	88	79.2	73.2
魚道	魚道の形式	単式インクライン エレベーター	単式インクライン エレベーター	複式インクライン エレベーター	複式インクライン エレベーター
	エレベーター部の落差 導流部高さ		180 ft（55 m） 50 ft（15 m）	210 ft（64 m） 8 ft（2.4 m）	推定 58 m
	対象の魚 籠の特徴	サケ（採卵） 無　水	サケ（採卵） 無　水	アユ・マス・雑魚 上部　竹簀 下部　貯槽	アユ・マス・雑魚 上部　竹簀 下部　貯槽
	現　状			撤　去	撤　去

欧米の対象魚はサケ・マスであり大きく強いので無水でもよいが、日本のアユは小さくて弱いので無水では死んでしまう。つまり、日本の魚道の方が、遥かに造ることが難しいのである。

(d) 小牧ダムの魚道

小牧ダムには、その右岸側に魚道が設置されていた。今は取り除かれている。流入部は階段式魚道で、それより上部は複式インクラインエレベーターである。左岸側には発電所の放水口があり、魚が放水口に迷入しない工夫もされている。魚を入れて運ぶ掬揚籠は、欧米ではサケ・マスが対象なので無水であるが、日本は対象魚がひ弱なアユのため、下部は貯槽になっており、上部は竹簀（細い竹や細く割った竹を編んで作った敷物）の構造になっている。この構造から見ても、日本の方が遥かに進んでいる（図8-8）。

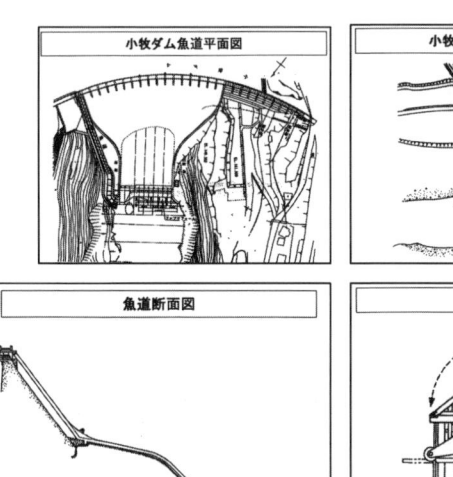

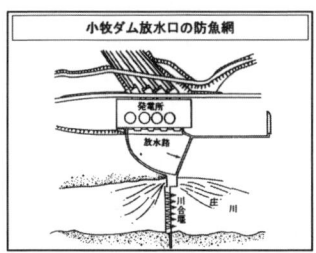

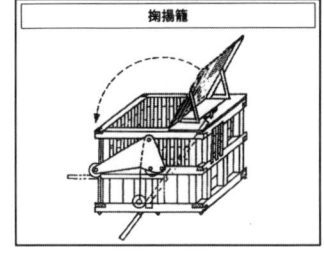

図8-8 小牧ダムの魚道

この魚道システムは、戦時中に鉄材供出のため撤去されたようである。もうひとつの撤去の要因は、サケ・マスなどを運んだ実績も記録には残されているが、エレベーター式魚道よりももっと効率的な湖産アユの稚魚を水槽で運ぶシステムが確立されたため、そちらの方が効率的で安価であったということらしい。

(e) 大西洋サケのライフサイクル

ここまで、ダムと魚類との関係を見てきた。欧米はダムを建設すれば魚類は減少したが、日本は反対に増えているということである。日本と欧米とでは、溯河

魚（サケ・マスなど）とダムとの関係が異なっており、サケ・マスのライフサイクルと河川の条件が違っているのである（図 8-9）。

欧米ではダムを建設すれば、貯水池は 100km 以上湛水する。上流で産卵された稚魚は、洪水に乗って流されなければ、限られた日数のうちに海まで到達できずに、死んでしまうことになる。一方、日本では洪水時には両岸の岩陰に避難し、洪水に流されないようにしなければならない。洪水で流されれば、一瞬で海まで流され、死んでしまうことになる。このように、日本と欧米では魚道を取り巻く河川条件が逆なのである。

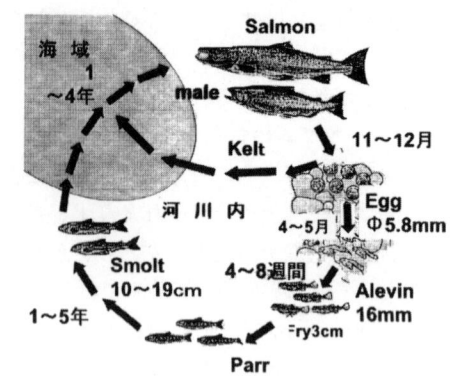

図 8-9　サケのライフサイクル

（5） ダムと鳥類の調査

（a） ダム湖水誕生と鳥類の変化

伊豆の伊東市に流れている伊東大川に、奥野ダムが建設された。地元の伊豆野鳥愛好会が、ダム計画が始まった 1981 年 2 月からダム工事が始まってダムが完成しダムが湛水し管理に移った 1992 年 3 月まで、10 年以上に渡って野鳥の種類を克明に観察した記録がある。

その結果、ダム建設前の 1981 年 2 月には、5 目 17 科 50 種の野鳥が観察されたが、ダム建設後（湖水誕生後）の 1992 年 3 月には、13 目 29 科 87 種と大幅に増えている。増加したのは 10 目 16 科 41 種であるが、一方で減少したのは 2 目 4 科 4 種であった（表 8-8）。

では、なぜダム建設後に野鳥が増えたのであろうか。それは野鳥が好む湖水面と水際ができたことによるものである。一方、減った種類は、暗い峡谷の谷間を好む鳥類ではないだろうか。差し引き 37 種も増加したのである。

表 8-8　松川湖野鳥調査（伊豆野鳥愛好会）

	ダム建設前 1981.2	増	減	湖水誕生後 1992.3
目	5	10	2	13
科	17	16	4	29
種	50	41	4	87

（b） ダム湖の鳥獣保護区指定

このようなことは、奥野ダム松川湖だけの特殊な例ではない。私がかつて 10 数年前に調べたところ、全国で 81 のダム湖の周辺が「○○ダ

ム湖鳥獣保護区」に指定されていた（**表8-9**）。ダム湖がなければ、鳥獣保護区はなかったことになる。

表8-9　ダム湖の鳥獣保護区（特別保護地）指定

地域別	ダム湖数	事例（鳥獣保護区名）
北海道	9	糖平湖、かなやま湖　etc
東　北	12	美山湖、田瀬湖　etc
関　東	8	津久井　etc
北　陸	1	山中温泉（我谷ダム）
中　部	3	奥野ダム、君ヶ野ダム　etc
近　畿	7	犬山ダム、平荘ダム　etc
中　国	8	大原湖、菅野湖　etc
四　国	6	黒瀬ダム、玉川ダム　etc
九　州	27	氷川ダム、市房ダム　etc

　ダム湖ができてしばらくすると、その周囲は鳥獣の楽園となり、生態系に詳しい審議会の先生方が審議して、ダム湖を中心とする区域を○○ダム湖鳥獣保護区に指定している。

　湖水誕生により水際は魚付林が形成され、豊かな生態系が形成されたということなのである。

　生物にとって一番大変なことは、大地から水の気配がなくなり砂漠化することである。

　水面や水際のある水が潤む大地は生態系にとって一番大切なことなのである。

　鳥類は移動するので、全国一斉に月日（1月15日）を決めて調査されている。環境庁のガンカモ科の鳥類生息調査では、ハクチョウ類はどんどん増加していっている。これは、自然の湖沼、湿地、河川、海岸などが減っていっていると思うが、反対に人工の湖沼がそれ以上に増えていっているということなのだろうか。それとも、観察者の眼がより細かくなったということなのだろうか。

（6）　ダムと自然公園
（a）　ダム湖と自然公園

　現在、ダムは環境破壊のシンボルとされてしまい、国立公園や国定公園等ではダム建設は認めてくれない。しかし、かつて建設されたダムは、国立公園内に12ダム、国定公園内に46ダム、県立自然公園内に110ダムが既に建設され存在している。

　中央環境審議会において、ダムが作る湖水空間は日本の傑出した残すべき風景

であるとして、指定されているのである。審議会資料にそう書かれている。国立公園内のダム湖を見ると、国立公園内に素直に溶け込んでおり、決して環境破壊であるという感じはしない。むしろ、時間の経過と共に国立公園内の特筆すべき素晴らしい環境資産として認定されているのである（**表 8-10**）。

表 8-10　ダムおよびダム湖が優れた景勝地であるとして自然公園に指定されているダム数

ダム湖を含む地域がダム築造後あるいはダム工事中に自然公園法により我が国の風景を代表する傑出した風景地が創出されたとして公園指定されたかあるいは区域変更して追加指定されたダム数

地方別	国立公園	国定公園	県立自然公園	国営公園
北海道		1	3	
東 北		9	21	1
関 東	6	1	9	
北 陸	3	4	17	
中 部	2	16	16	
近 畿		6	11	
中 国		4	12	1
四 国		1	11	1
九 州	1	4	10	
合 計	12	46	110	3

(b)　国営公園の主役となったダム湖

　全国に何十万、何百万とある公園の中で、国が経営する大規模な公園が国営公園である。現在、全国で十数公園がある。そのうち、釜房ダム、満濃池、国兼池の3つのダム湖を中心とする国営公園が造られている。いずれもダム湖が公園の中核となっているもので、ダム湖がなければ存在し得ないものである（**表 8-11**）。ダム湖が造る湖水域が素晴らしい環境資産となっているからこそ成り

表 8-11　国営公園の主役となったダム湖

ダム名・湖名	公園名	面積	都市計画決定年度	供用開始	基本テーマ	年間推定利用者数
釜房ダム （釜房湖） （宮城県柴田郡川崎町）	国営みちのく杜の湖畔公園	647ha	S.56～	H.元年8月（有料）	豊かな自然とふれあいを通じて人間性の回復向上	約160万人
満濃池 （香川県仲多度郡満濃町）	国営讃岐まんのう公園	350ha	S.59～		人間との語らい、自然宇宙とのふれあい	約200万人
国兼池 （やすらぎの湖） （広島県庄原市）	国営備北丘陵公園	約350ha	S.57～		森と湖に囲まれたやすらぎの空間創造	約150万人

（7） 絶滅危機に瀕する植物——日本の植物が危機に瀕する原因

ダムは環境破壊の最大のシンボルにされている。ダム以外でこれほどまでに環境破壊の標的にされたものはない。植物は動かないので、危機に瀕する原因が特定できる。その危機に瀕している原因を調査した資料がある（**表 8-12**）。資料によれば、森林伐採や草地開発は、ダムの 10 倍以上の環境破壊になっていることが分かる。最大の環境破壊は、植物のマニアとそれを商売にする人たちの希少種の採取である。人間の金儲けの行為こそ、戒めるべきものではないだろうか。

それと、その他稀少と記されたものは、もともと増殖力が小さい種で絶滅する宿命の種も多く、バックグラウンドの絶滅と言われているもので、いずれにせよ、具体的な生物種の危機の要因を正確に把握した上で、適切な対応が検討されるべきである。

表 8-12　日本の植物が危機に瀕する原因

		絶滅種	絶滅危惧種	危急種	現状不明種	合計
開発行為	森林伐採	5	23	97	1	126
	草地開発	1	7	28	2	38
	湿地開発	8	19	110	5	142
	石炭採取	0	2	6	0	8
	ダム建設	1	2	8	0	11
	道路建設	0	1	17	1	19
	その他	1	9	33	0	43
採取	園芸採取	3	71	178	2	254
	薬用採取	0	0	3	0	3
その他	希少	0	22	252	2	276
	踏みつけ	0	0	9	0	9
	食害	0	3	8	0	11
	火山噴火	3	0	1	0	4
	遷移進行	0	0	3	0	3
	不明	13	3	4	23	43

8.4　ダムの治水・利水の効果

（1）　貯金が多いほど、将来の不安はない

貯蓄が少なければ、不慮の事故や災難で、予期せぬ出費が重なると家計はパンクしてしまう。予期せぬ出費に備えるには、日頃からいかに貯蓄しておくかということである。河川の流量は日々、刻々変動する。その変動はどんどん増加して

いっている。
(a) ダムは貯水容量が大きければ治水の効果は大

毎年、梅雨期や台風期等の洪水期を迎えると、全国各地から非常に夥しい数の洪水災害報告が寄せられる。時間雨量50mm、3時間雨量120mm、一台風等の一連の降雨で、その地の年間平均降水量の3分の1程度以上の豪雨があれば、深刻な災害報告の山となる。洪水災害大国日本では、破堤や大災害のなかった年などはない。

営々と治水の安全度向上のための治水事業を進めてきているので、その効果が出てきて、災害の頻度は多少ずつ減ってきてもおかしくはないと思うのだが、いっこうに減っていっているという感じがしない。それは、豪雨頻度が増えてきたことによるものであろうか。

ところで、平成16年（2004）は日本列島に10個の台風が上陸したまさに当たり年であった。雨の少ない香川県にも3つの台風が襲った。8月4～5日の台風11号、8月17～18日の台風15号、9月29～30日の台風21号である。台風11号による降雨は干足で時間雨量97mm、吉田で2時間雨量131mm。台風15号の一台風は五郷で雨量297mm、さらに台風21号では五郷で2時間に128mm等、県内各地で豪雨に見舞われた。

香川県の15の管理ダムでの、この3つの台風来襲時におけるダムの効果は、トータルで見れば、流入量が$1,240m^3/s$に対し、$843m^3/s$の洪水調節をし、ダム下流河川に実際に流れた量は3分の1以下の$397m^3/s$であり、総貯留量は約400万m^3の洪水を一時貯留したことにより、下流河川の流量を大きく軽減した。

香川県讃岐の地は古来より、雨が少なく、弘法大師の満濃池（農業用ダム）の歴史以来、水を溜めることが最大の課題であった。現在でも四国は1つのスローガンの下、早明浦ダム等、他県からのもらい水で、なんとかしのいできている。少し雨量が少なければ、四国一の水ガメ「切り札である早明浦ダム」が空になるというような報道が連年のごとくある。ダムの貯水容量が大きければ大きいほど、洪水調節の効果は大きくなる。また、洪水をもたらす水をたくさん貯留すればするほど、渇水時にもそれを補給することができる。貯留量が大きいほど、利水安全度は上がる。

(2) ダムは治水容量分だけ間違いなく下流は安全

ダム建設反対論でしばしば、ダムは想定している計画規模を超える降雨に対して無力であるとの主張が行われている。本書の別項でも述べているように、「水資源開発」の学問的な定義は、「自然状態で時間的・空間的に偏在する水の分布

を、ダムや導水路などによって人間に都合の良い時空間分布へ変換すること」と言える。

同様に、ダムによる治水効果は「洪水の空間分布を変換、すなわち、下流域での氾濫をダム貯水池内の氾濫（貯留）へ変換すること」と定義できる。このダムによる治水効果の本質を理解すれば、計画規模を超える降雨に対して、ダムは無力であるとの主張の無意味さが理解できる。すなわち、ダムの治水容量分に洪水を貯留した分だけ確実に下流の治水安全度が上がるのである。この真理はどのような降雨に対しても成立するのである。

日本の河川は治水面で、極めて厳しい条件にある。急峻な地形、降雨の偏在（梅雨、台風）、氾濫原への人口、資産の集中などの宿命を背負っている。なおかつ、近年の気候異変で異常豪雨が頻発し、治水面での脆弱性がますます増大している。

日本の河川で治水安全度が計画達成された河川はない。治水面で不安を抱えている。このような条件下にある日本にあっては、ダム建設による治水効果の確実性は治水安全度の向上に欠かせない。

平成16年7月に、福井地方は梅雨前線の活動による豪雨に襲われた。足羽川では、福井市中心部のほか各所で堤防が決壊、死者行方不明者5名、建物も全壊69戸、半壊140戸、浸水14,172戸と大きな被害が生じた。一方、近接する真名川では同程度の豪雨に襲われたにもかかわらず、下流大野市で浸水被害は生じていない。これは、真名川に建設されている真名川ダム、笹生川ダムの2つのダムの洪水調整機能によるものであることが明らかとされている。

足羽川については、ダム計画はあったものの反対運動もあって、ダムは完成していなかった。ダムが当初計画どおり完成しておればと悔やまれる。

（3） ダムは利水容量分だけ間違いなく渇水に役立つ

水資源開発の学問的定義は前述の通りであり、ダムは利水容量分として貯留した分だけ、時間的な平滑化を行ったこととなる。貯留確保した分だけ、渇水時にその貯水した分だけ下流に放流することが可能となり、間違いなく利水安全度は向上する。

日本の水資源開発にあっては、その計画規模は利水安全度10分の1を目標としている。これは、10年に1回程度発生すると考えられる渇水年にあっても、円滑に水供給が可能となる水量を確保しておくという考えである。しかしながら、この目標は多くの水域で達成されていない。

さらに、近年の地球温暖化に起因すると思われる気候異変では、変動が激化する傾向が指摘されている。雨が降るときにはこれまでにないような大量に、降ら

ないときには徹底的な少雨となると予測されている。この傾向が進むと、従来利水安全度が 1/10 と考えていたものが、結果として 1/3 とか 1/5 とかになる。3 年に 1 回程度給水制限などを余儀なくされることとなる。

首都圏の水資源は利根川、荒川、多摩川等に依存している。首都圏の渇水については、昭和 39 年のオリンピック渇水や昭和 62 年の首都圏渇水が有名であるが、1972 年から 1996 年の 25 年間で 11 回の給水制限が行われてきた。給水制限の原因となった河川は、ほとんどが利根川であり、巨大な小河内ダムを持つ多摩川を原因とする給水制限は行われていない。

（4） 計画以上の治水効果を発揮

各ダムごとに、洪水時にはどのような操作をして洪水調節するかという操作規則が定められている。刻々に変わる降雨現象の予測には不確定要因が山ほどある。予測には当然のことながら相当な誤差が内包されている。

毛利元就の三本の弓矢の話ではないが、3 ダムが 1 つの目標（下流の洪水被害を最小限にする）に向かって綿密な連携をとれば、それぞれのダムの洪水調節効果の総和の洪水調節効果を遥かに越す大きな洪水調節効果を発揮することができる。コンピュータによるシミュレーション・システムを駆使したトライアル計算により、それが実現できる。また、気象や雨量レーダー等の技術開発により、洪水予報精度が飛躍的に向上していく中で、常にこれらを駆使して計画規模以上の洪水にも被害軽減効果を発揮することが可能である。

2009 年 10 月 7～8 日に日本を襲った台風 18 号の洪水に対して青蓮寺ダム（1970 年完成）、室生ダム（1974 年完成）、比奈知ダム（1999 年完成）の 3 ダムが連携して下流の三重県名張市街地の浸水被害回避に向けて洪水調節を行い、名張市内の名張川水位を、操作規則どおり操作を行った場合に予測される水位よりさらに 60cm も低下させることができた。

2009 年の台風 13 号は約 50 年前の伊勢湾台風に酷似した経路を進み、名張川上流域に伊勢湾台風時に匹敵する豪雨をもたらした。

伊勢湾台風では名張川の氾濫で死者行方不明者 12 名、全壊家屋 180 戸、床上浸水 143 戸等の大災害であったが、2009 年の台風 13 号では床上浸水 1 戸、床下浸水 27 戸という比較にならないほど、小規模の被害で済んだ。まさに、3 ダムの連携操作の見事な成果である。名張川上流域は青蓮川流域と宇陀川流域と比奈知川流域によりなる。

木津川上流部前深瀬川の川上ダムは淀川流域委員会の発足以降 10 年以上事業はストップをかけられたままで、進捗していない。

ところで、利根川水系を考える場合、治水基準点八斗島上流域は奥利根流域、吾妻川流域、それに烏・神流川流域のほぼ3等分された三流域よりなる。そのうち吾妻川流域のみが、ダム空白域である。さらに八ッ場ダムは利根川上流中最大の治水容量を持っている。八ッ場ダムが完成し、利根川上流域のダム群の連携操作が可能になれば、3本の矢のたとえを越えて、様々な降雨パターンに柔軟に対応することが可能となり、ダムが最大限の効果を発揮することが可能となる。

（5） 国民と国土を守る

アメリカでの河川管理の体制は、州や河川により相違はあるが、大局的には、水資源開発のダムは開拓局が所掌し、治水のダムは工兵隊、すなわち陸軍が所掌している。敵国から国民を守る国防と、大自然の営力から国土と国民を守る治水は、共に軍隊の仕事である。国防の予算の限度額は、敵国の脅威がなくなるまで無限である。とは言っても、国家予算の許容する範囲内ということなのであろう。

国土の保全も同じ考えである。国土が洪水でなくなれば国がなくなるのである。治水の予算の限度額も同じ考えの延長にある。我が日本国における国防と国土保全の治水について、どのように考えているのであろうか、対比して考えてみる（**表 8-13**）。

表8-13　日本における国防と国土保全の治水との対比

	国防	国土の保全
一見したところの現況	○核・軍隊を放棄し、諸外国と友好関係を築き、また諸々国際貢献をしてきている ○四周・天然の海に護られている ○平和国家を謳歌している	戦後の国土荒廃の時代を乗り越えて、さらに ○カスリーン台風や伊勢湾台風等の巨大災害も順次克服し安心安全国土が形成されてきた
置かれている宿命	四周・烈強が武力増強し、虎視耽耽と日本の国益を侵そうと画策している（この宿命の構図は不変）	日本列島は島国で災害に脆弱な国土の7つの宿命を背負っている（災害の宿命の構図は不変）
迫り来る外敵の脅威	○北の脅威・ロシア 北方四島・不法占拠 ○北朝鮮の核 ○韓国・竹島の不法占拠 ○中国・尖閣とガス田 ○米国の大国のエゴ ○四周の国々、核の武装 ○資源争奪戦争に突入	○活動期に入った巨大地震 東海地震・南海地震・関東地震 ○巨大地震と連動する火山活動 ○4つの降雨異変（豪雨の頻度、四季異変、降雨変動幅拡大 etc） ○治水・利水安全度の大幅低下 ○食料自給率低下、仮想水の輸入 ○水戦争時代に突入
呆けている防衛対処の知恵	○友愛外交 ○おどし外交に対し謝罪外交 ○しなやかな外交	○ダムによらない治水 ○実質水不足の認識の欠除 ○しなやかな堤防

ダムによる治水は国土の保全であり、国防と同じである。米国では治水は工兵隊、陸軍の業務であり、軍隊は仮想敵国が襲ってくることから国民を守る。治水は確実に襲ってくる大自然の営力から国民の生活と生命を守る。妥当投資額は無限である。

役所が公共事業の経済評価として用いられているコスト・ベネフィット法の妥当投資額というものは、そもそも人命等、最も重要なものでも評価が難しいものは、計算には入れていない。2011年3月11日の東日本大震災の被害の壮絶さを目の当たりにするとき、国土保全を目指す事業についてはコスト・ベネフィット評価などをすることが、いかに愚かなことかということを理解していただけると思う。

8.5　ダム事業と工期——50年経っても完成しない事業

八ッ場ダムは50年近くも経って完成していない事業である、という認識は、2つの初歩的な間違いをしている。八ッ場ダムは40数年たち、用地交渉も妥結し、あと残事業も数年ですべて完成するところまできた。私は50年でよくぞ、ここまで進捗してきた大変素晴らしいことだと思っている。20～30年で完成するダムなど基本的にない。ダムは補償基準が妥結したならば完成したと同じと言われている。ダムの用地交渉妥結までが、工期の中で一番時間がかかり、予測がつかないところである。

現在の日本の河川は、毎年訪れる降雨程度では破堤しなくなった。それは我々の先人が近代治水工法を導入してからだけでも100年以上営々と堤防を築き、ダムを建設してきた結果なのである。もっと言えば、日本の堤防は、仁徳天皇の茨田の堤の歴史が物語るように、その時代以降千数百年かけて、気の遠くなる破堤の輪廻の歴史、洪水との闘いの結果ようやくできてきたものである。

スーパー堤防が200年に一度の大洪水に対応するため首都圏と近畿圏の6河川で計872km計画され、昭和62年から4半世紀経って、現在事業進捗率は5.8%（約50km）であるという。このペースでいけば、スーパー堤防の整備完了までに400年程度かかるという。事業仕分けで「宇宙人の襲来から身を守るような事業だ」と揶揄されて、無駄な事業だと切り捨てられた。

これまで千数百年かけて築き上げて来た堤防は、安全度の低いものは数年確率から、安全度の高いものでも30～40年確率の洪水に対して、なんとか持ちこたえられる堤防である。それも少しの大洪水時になれば、そこいら中で漏水によるパイピング破壊という状況となり、水防団の月の輪工法等の水防工法により何と

8. ダムに関する数々の誤解と反省　155

か最悪のシナリオを回避してきているという現状である。スーパー堤防は、これまでの破堤の輪廻からの脱却という表現が素直に馴染む堤防なのである。

　また、日本の首都東京は広いゼロメートル地帯を抱えている。カトリーナクラスの台風が襲来すれば、ニューオリンズの二の舞になる。首都機能は一瞬にして立ち直れないほどの大打撃を受けることとなる。これから400年程度、現在のペースでやっていけば、日本の首都が洪水に脆弱な宿命から脱却できるということは大変素晴らしいことではないだろうか。

　事業の内容をよく理解せずに物事を軽々にソフトタッチで判断したら駄目である。長期的視野に立ち国土建設を図るべきである。スーパー堤防事業の中止は、将来における国土建設の損失である。速やかに復活させるべきである。百歩譲って事業実施方法の見直し、例えば地元との調整が終了もしくは見通しの経った地区を翌年から予算化することが肝要である。

8.6　ダムは何故こうも金がかかる

(1)　安もの買いの銭失い

　我が国には「安物買いの銭失い」という諺がある。安価な買物で得をしたと思っていたら、質が粗悪ですぐに使えなくなり、今度は質の良い物に買い替えなくてはならず、結局は高い買い物になって大損するということを言っている。

　20数年前中国の土木技術者である友人が、中国では十分なお金が無いので、道路舗装はいい加減で、数年を経過すると補修しなければならないことを嘆いていた。今では、豊かな中国となり、日本の高速道路延長を超える高速道路が整備されている。質的にも問題のない整備が可能な工事費も確保できていると思われる。

　我が国において、安全・安心の社会を支える基盤施設整備について同じことが言える。特に簡単に修繕や再開発することが難しいダム事業については、まさにこの諺がピッタリあてはまる。

　公共事業は金がかかり過ぎる。経費の節減を図れという画一的な政府方針の下に、全国のダム工事現場で、いくら経費を節減したかを国会や会計検査院に報告しなければならないという。社会通念としてはごく当たり前なことであるが、度を越して現場にそれを要求すると取り返しのつかない事故や失敗につながり、結果的に節減したつもりが、その事故や失敗の修復に金がかかってしまうことになる。JR西日本の福知山線の脱線事故もスピードとダイヤの正確性の確保を現場の運転者・車掌に担わせた結果ではなかったか。

　ダム工事は相手が大自然現象である。不確定要素がつきまとうため、いつも

ある安全度とゆとりをもって慎重に工事を進めることが必要である。現場の担当技術者は日夜、大自然と向き合いながら創意工夫を凝らしながら事業を進めている。そのところに、現場の実情を把握しない上部組織から、経費節減の要求がエスカレートすると、どんどん安全性とゆとりが切りつめられていくことになる。その結果、大事故・大失敗を招き、節減したつもりの経費の何百倍、何千倍の修復費用がかかってしまう。それ以上に、国民の信頼を失う。一番おそれた事態となる。

　治水事業をはじめとする安全・安心社会を支える基盤整備にあたっては、事業効果を確実に長期にわたって発揮することのできる質の高い施設整備を行うことが求められる。そのような質の高い施設整備に必要な資金は確保されなければならない。

　「コンクリートから人へ」という掛け声と競争・透明性確保の名の下に進められる公共事業費の削減が、結果として「安かろう・悪かろう」、品質の確保されない施設整備を招くことになれば、その不幸はすべての国民に及ぶこととなる。ダムの止水工事はまさにこれに当たる。ダムは、堤体という壁でもって100mオーダーの巨大水圧に耐えるものである。

　ダムには漏水はつきものである。一滴も水を漏らさないようにしろということは、絶対に不可能である。

　少しくらいの亀裂からの漏水ならばクラックに対するセメントミルクの注入で止められるが、いったん水みちが拡大すれば手がつけられないことになる。世界のダム事故事例を調べると、ダムの初期湛水時に漏水が拡大して崩壊に至った事例が山ほどある。

　外国では、ダムの決壊等の事故のニュースもたまに聞かれる。幸いにも、我が国においては、ダムの重大事故は、これまでなかった。これはひとえに、日本のダム建設技術の歴史において、ダム事故は絶対あってはならぬということで、ダムの安全の根幹にかかわる設計においては念には念を入れて万全な対策をとってきたからに他ならない。これらの安全の根幹にかかわる経費については、最近の問答無用的事業仕分けの経費節減の対象から除外すべきである。

　巨大な大自然の営力に向き合うダム築造にあたっては、経費節減も大切だが、二の次である。それ以上に大切なものは、一にも二にも大自然に対する謙虚な態度である。

（2）　あと追い行政は莫大な事業費がかかる
　東京の都市圏は人口密集に河川改修が追いつかなかった。

都市化に伴い、流域の流出係数も増大、洪水到達時間の短縮化により洪水量が急激に大きくなり、水害が頻発するようになった。何らかの治水対策を考えねばならないが、人家が連担密集しているため、河川を拡げる用地確保は実質上不可能である。さりとて、ダムや遊水地を造れる所などあるはずがない。また、東京都市圏の地中は、地下鉄が網の目状に走り、さらに上下水道の管、電話、光ファイバー、電気の配管など、既に敷設されているため、地下深部に巨大な地下空間を掘削し、そこで洪水調節することになった。それが神田川・環状七号線地下調整池である。

トンネル内径 12.5m、トンネル延長 4.5km の総貯留量 54 万 m^3 のまさに地下ダムである。昭和 63 年から平成 19 年までの 20 年間の年月と総事業費 1,010 億円の巨費をかけて造られた。河川の計画は将来を見通して先行的に整備すれば事業費は少なくて済むが、どうしようもなくなってから行う後追い行政では、何倍も多額の経費がかかるということである。

そもそも我が国の予算張り付けは何かにつけ後追いである。治水事業も災害が起こらなければ予算がつかない、洪水予防に予算を付けると切りがないというスタンスである。しかも再度の災害防止が基本で原型復旧が中心だった。言い換えれば、それほどに治水事業は遅れているということでもある。公共事業はもういらないなど、とんでもないことではないか。

そのような事業の反省に立つべきことが時の為政者の務めと思うが、また同じ過ちを起こそうとしている事業がある。行政刷新会議「事業仕分け」第 3 弾で廃止と判断されたスーパー堤防事業である。事業開始から 30 年、今後 400 年かかるから無駄な事業であるから廃止とのことである。この事業の性格を全く理解されていない方々の評価である。

この事業は、河川の沿川で市街地開発事業などの整備と一体として、越流しても決壊しない堤防を作ろうという事業であり、地元がアドバルーンを上げないと進まない。また、一時的な移転が必要な事業である。すなわち地元調整に時間を要する事業である。今までの堤防整備は何年かかっているか？ 有史以来数千年経ってもまだ完成していないのが河川堤防である。たかだか 30 年で判断することなく、今後 400 年の先を見据えた河川改修が必要である。

(3) ダム高を下げる非常識――世界の常識・できるだけ高いダムを

水需要がなくなったからと言ってダム高を下げて小さくする愚か。治水の安全度、利水の安全度がまだまだ十分でない我が国において、何故その分の容量で治水、利水の安全度を上げようとしないのであろうか。ダム高を少し上げたところ

でダムの建設費はほとんど変わらないが、ダムの効用は大幅に増加する。

また、ダムの貯水容量はダム高を少し上げれば大幅に増加する。貯水容量を2倍にするにはダム高を少し上げればよい。反対に、貯水容量を半分にしてもダム高はあまり低くならない。建設費はほとんど変わらない。ダムというものは、その与えられたダムサイトで一番大きくつくることが極めて経済的であるということである。

ダムの先進国では、ダムサイトで可能な一番高いダムを計画している。我が国のように、水需要が減ったから、その分ダム高を下げるという、大変もったいないことをやっている国は他にはなく、世界中からの笑われ者である。目先にとらわれた計画、しかも取りかえしのきかない計画。もっと長期的大局的視点からみた計画を実行すべきである。

8.7　ダム計画の大いなる反省

（1）　貯水池効率を追い求めすぎた制限水位方式

全国の数多くのダム貯水池を見て、一番環境破壊だと感じるものに貯水池の帯状裸地がある。貯水池の急激な水位変動に、斜面の植生復元速度が追随できないときに生じる。洪水期を迎えるにあたり、制限水位まで一気に下げる貯水池運用方式が制限水位方式である。

この貯水池運用による貯水池容量を、洪水期には治水容量として利用し、非洪水期には利水容量として使用できる。これが貯水池効率を追求した多目的ダム理論である。

一方、貯水池に帯状裸地が生じていないダムでは、制限水位を設けていない常時満水位方式となっている。この方式は、貯水池運用の効率は制限水位方式より、やや劣るが、帯状裸地は生じにくい。

美しいダム貯水池を目指して、既存の制限水位方式のダムを常時満水位方式のダムへ順次計画的に計画変更すべきである。貯水池の機能効率を追求した結果、帯状裸地ができて、水辺の生態にとっても好ましくないものとなった。効率はやや落ちるが、水辺の環境の保全にとっては数段好ましい状態となる。ダム計画に対する大いなる反省である。

（2）　排砂ゲートの設置と運用

ダムの堆砂問題の解決の鍵は排砂ゲートの開発であった。これまでも排砂ゲートを設置したダムはあったが、一度排砂のために開けると、砂礫が戸溝に詰まっ

て完全に閉塞できないというのが最大のネックになっていた。

この解決のために開発されたのが、引張ラジアルゲートである。私が中心となってゲートメーカー数社と開発に成功した。この引張ラジアルゲートは戸溝がないので、砂礫がかむことがないという特徴のほか、いろいろ多くの力学的に勝れた利点を有する画期的なゲートである。

この排砂ゲートの運用は排砂目的なので、洪水のピークを迎えるにあたり開き、洪水が過ぎた段階で閉めるという方式となる。この運用方式により、排砂による濁水問題が生じることもない。ダム建設にあたり、ダムの低位標高に堤内仮排水路が設けられる。工事が終わると閉塞されてきた。この堤内仮排水路を排砂バイパスとして利用し、それに引張ラジアルゲートの排砂ゲートを設置するのである。

(3) ダム総合リニューアル制度の導入

すべての土木構造物はリニューアルが求められている。現在、土木構造物の中で一番リニューアルしにくい構造物がダムである。弘法大師が築造したと言われている満濃池（農業用ダム）は1,000年以上、現役施設として地域になくてはならない重要な役割を果している。

これまでも何度かオーバーホールとしてリニューアルしているからである。既存のすべてのダムは、満濃地と同様、地域にとってなくてはならぬ大きな役割を果たしている。適切なリニューアルをすることより、1,000年以上効用を発揮できるものなのである。

地域や住民からの絶大なご支援とご協力で出来上がった既設ダムを、環境改善や治水・利水対策のためにさらに効率を上げる方策はぜひとも進めてほしい。

(4) 気候異変に伴う水利権量実質大幅目減りに対し、どのように利水安全度を確保するかの法制度化

実技術論の研究や、水利権の二段表示法等、法制度からの研究が非常に遅れている。利水安全度の低下は、利水企業の経済活動の低下を招く深刻な問題である。また、河川維持用水確保にも影響を及ぼす。「水は余っておりダムは不要」などという悠長なことは言っていられない。どんどん深刻な水不足に陥っているのである。「ダムによらない治水」などというピントがずれた論議をしている場合ではない。着実に進んでいる水不足に対し、真剣に取り組んでいかなければならない。ダムの現場でいろいろな問題にぶちあたるたびに、ああすれば良かったのにと反省されることが次々山とある。

(5) 現在の改革について――竹林の法則
　(a)　ある事象の改革をすればその部門が急激に悪化する
　改革前、マスコミがある事象の悪い面のみを徹底的に批判する。すべての物事には二面性（良い面と悪い面）があるのだが、マスコミは良い面は一切評価しない。その結果、ある事象はすべて悪いことを前提とした改革案となる。そうすると良い面の事象は存続できにくくなり、良い面は急激になくなる。
　(b)　「良い改革」と「悪い改革」
　1)　文化を破壊する「聖域なき構造改革」
　「良い改革」とは、物事には二面性があるという前提に立って両面を正しく評価し、良い面は維持・増進し、悪い面は変えていこうとする改革である。逆に「悪い改革」とは、良い面を一切評価せず、悪い面のみに着目し、悪い面に焦点を合わせたルールを作る。良い面がルールの枠外となって存続できなくなり、一瞬にして喪失する。
　マスコミは、「悪い改革」を推し進める側面を持っている。つまり、物事の悪い面のみを過大に強烈にキャンペーンを張り、良い面は一切報道しない点である。これにより、「悪い改革」に拍車がかかるのである。かつての小泉内閣が推し進めた「聖域なき構造改革」は、まさにこの構図であった。
　2)　公務員制度改革を事例として
　公務員にも二面性がある。良い公務員とは、天下国家のために滅私奉公するタイプで、公務員の過半を占める。悪い公務員とは、己の出世と利得のために働くタイプで、これはごく一部の者であろう。
　オンブズマン制度における内部告発奨励制度は、すべての公務員は「悪い公務員」であることを前提とした制度である。これでは良い公務員は、人のため、世のため、天下国家のため、滅私奉公しにくくなる。これが最大の税金のムダ使いである。改革すれば、その部門（分野）が急激に悪化するのである（竹林の法則、**図 8-10**）。

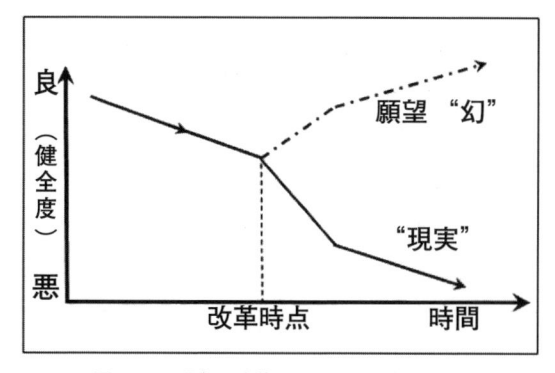

図 8-10　現在の改革についての竹林の法則

(c) 酢を味見する三人の者（宋のたとえ話）

　三人の賢者が、酢の壺（人生の象徴）の前に立って、それぞれ指を浸して味見をした。孔子は「酸っぱい」と言った。釈迦は「苦い」と言った。老子は「甘い」と言った。この話は、同一のものを違う価値観・視点で見れば違った認識・評価がされるというたとえ話である。

　毎年のように、全国のどこかで洪水や渇水で大変な思いをされている。それをどう認識するかということである。自分の所もいずれ水害が生起する可能性がある。ならば今から備えようということになる。自分の所は数年そのようなことを生起していない、それに対し備えることはムダなことだと思えば、それまでである。

(d) 三悪業と三妙行

　「緑のダム」だとか「切れない堤防」だとか耳ざわりの良い言葉で人々を誤った方向へ誘導するのは、「口の悪行」そのものである。理由を説明せずに八ッ場ダムはムダだと決めつけ、権力でもって建設を中止する。これは「身の悪行」「意の悪行」そのものである。このような権力の行使は、悪政そのものである（図 8-11）。

　日本列島は島国で、災害の宿命を背負っている。歴史を振り返るに、全国各地で洪水や渇水から人々を救おうとして、身を投じた治水・利水の先覚の話が伝わっている。ダムを造って人々を救った人々は、かつては神と祀られてきた。弘法大師や行基等々、枚挙に暇がない。

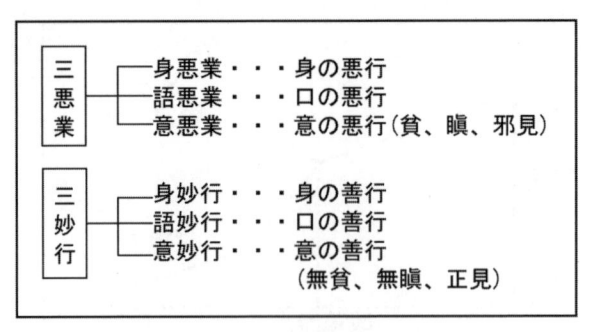

```
          ┌─身悪業・・・身の悪行
三悪業─┼─語悪業・・・口の悪行
          └─意悪業・・・意の悪行(貪、瞋、邪見)

          ┌─身妙行・・・身の善行
三妙行─┼─語妙行・・・口の善行
          └─意妙行・・・意の善行
                          (無貪、無瞋、正見)
```

図 8-11　三悪業と三妙行

　ダムや堤防整備が進めば、間違いなく客観的に安全社会に一歩一歩近づいていく。しかし一方で、マスコミによる公務員叩きや、建設業は悪の産業だというような、意図的な魔女狩りともいえる世論操作の下では、安心社会は形成されていかない。私達が望んでいるのは、安心で安全な社会なのである（**図 8-12**）。

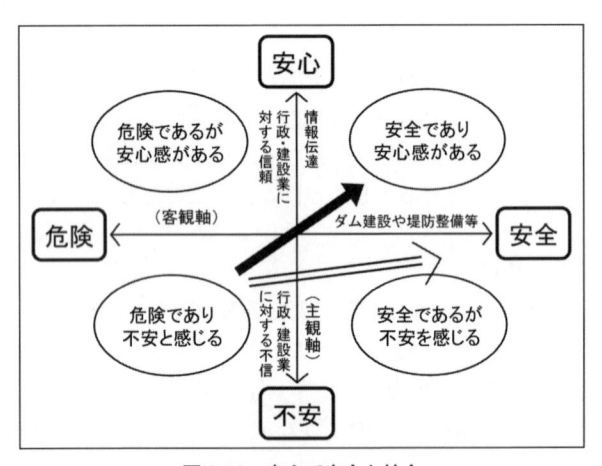

図 8-12　安心で安全な社会

9.
大丈夫か日本の河川の水質

9.1 河川局が見落とした最重要課題

　今、国民の大部分は高層マンションに住み、頑丈そうな堤防に守られ、「自分は十分治水上安全」と感じている。また、人口が減るのだから水不足も深刻さはないと考えている。唯一関心が高いのは「水質（健康）」ではないだろうか。単にBODだけでなく、環境ホルモンや耐性菌、鮎の冷水病など利根川や多くの河川が様々な水質問題を抱えている。我が家でも大きなペットボトルを持って、スーパーの濾過水サービスに通っている。水質悪化は住人の最大の関心事なのである。
　ところが河川局（治水屋、ダム屋とも）は、この最大関心事とは別の所で仕事をしてきた。住民参加の時代に住民から乖離した施策はいずれ衰退する。八ッ場ダム問題もそうだとは言えないが、多くのダムに味方がいないのはひとえに河川局の「怠慢」の結果だと思う。水辺の国勢調査など一定の努力はあったが、人類への最大の天恵物である蒸留水（雨水）を貯めることが水質に寄与する最大の手段だという点のPRが、少なすぎた気がする。

9.2 清流復活への熱き思い

　かつて私たちの身近にあった川は美しかった。東京の都心の代々木5丁目65番地に「春の小川」の歌碑が建立されている。大正元年（1912）に国文学者高野辰之氏が、この地にかつて流れていた河骨川ののどかな小川の風景を唄ったものである。河骨川は今では暗渠となっている。実にさびしい限りである。失ってしまった清流を復活させたいと誰でも思う。清流とは、①川の水質が良い。②川にはしかるべき水量がある。③川にはゴミがない。これが清流の三要素である（**図9-1**）。

```
       ゴミ

  水質    水量
```

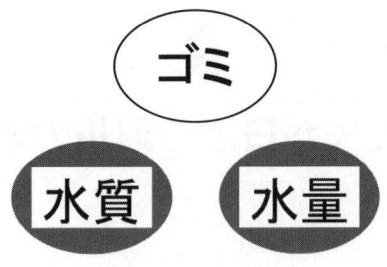

図9-1　清流の三要素

　清流復活のイメージは、川の自然条件が洪水と渇水時の自然変動があって、豊かな生態系があるということであろう。そして川を取り巻く人間活動が少ない。そして都市化されていないというイメージである（図9-2）。

```
           清流復活のイメージ
            ┌────┴────┐
        川の自然条件      川を取り巻く人間社会条件
        ┌───┴───┐       ┌───┴───┐
    洪水と渇水  豊かな   都市化され   人口少なく
    自然変動   生態系    ていない   人間活動が
                                    少ない
```

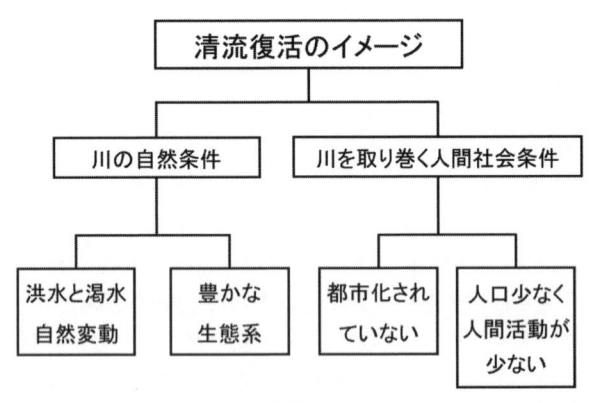

図9-2　清流復活のイメージ

　清流復活のために人口を減らし、既に都市化されてしまった所を田園に戻すことは叶わない。それらの現状を踏まえて実現方策を考えたい。
　まず、ゴミ汚染を解決するには、汚染する人間の行為のパワーよりも、川を清める自然と人間の行為が勝ればゴミ汚染はなくなる。川を汚染する人間の行為とは、大量生産、大量消費、大量廃棄の社会システムであり、個人の公徳心の欠如である。一方、清める自然の営力としては河川の自浄力であり、清める人間の活動とは美化活動やゴミ除去技術である。清める力の方を大きくする以外にない。水質汚染対策は、汚染源からの負荷を少なくする以外にない（図9-3）。

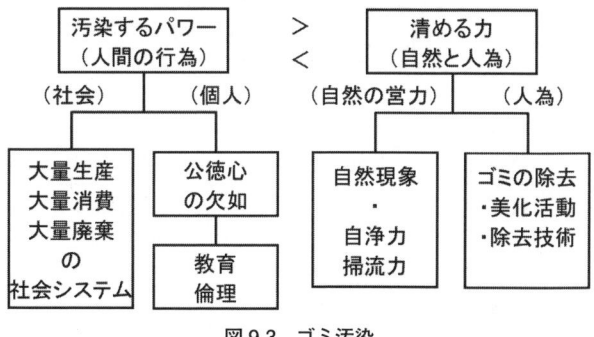

9. 大丈夫か日本の河川の水質　　165

図 9-3　ゴミ汚染

　点源としては工場排水、工事排水、事故によるものがある。非点源としては山地の表土流出、農地からの農薬汚染、都市域の道路排水などがある（**図 9-4**）。

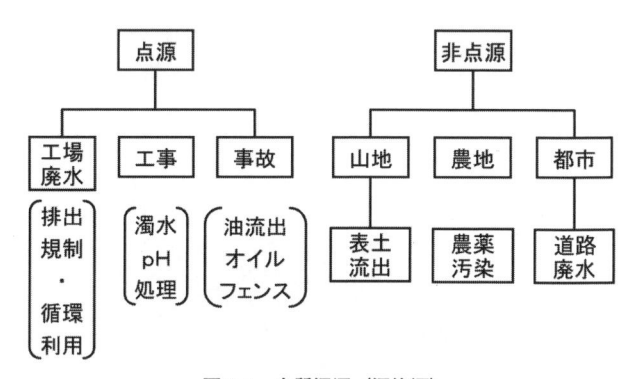

図 9-4　水質汚濁（汚染源）

　これらの汚染源対策を進めるとともに下水道整備を進めていかなければならない。そして、水量の減少の要因としては都市化による流出変化、用水の取水、発電バイパスなどがある（**図 9-5**）。これらの対策としてはどこかに水を溜めておき、水量を増加させることで解決できる。すなわちダムで水を溜めておけば実現する。

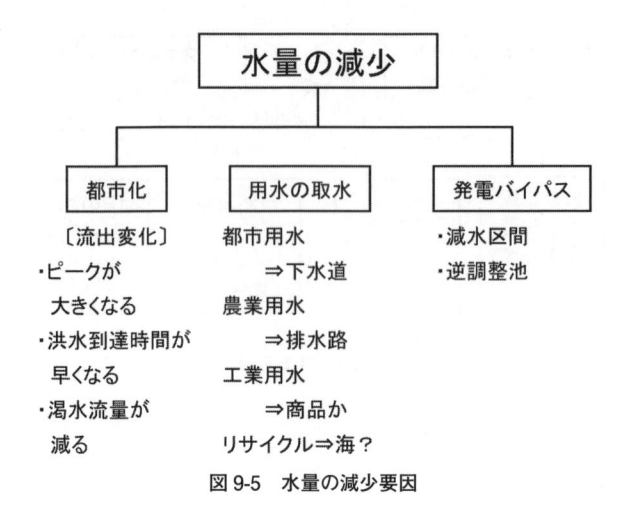

```
                    ┌─────────────┐
                    │  水量の減少  │
                    └──────┬──────┘
            ┌──────────────┼──────────────┐
        ┌───┴───┐      ┌───┴───┐      ┌────┴─────┐
        │ 都市化 │      │用水の取水│    │発電バイパス│
        └───────┘      └───────┘      └──────────┘
```

〔流出変化〕	都市用水	・減水区間
・ピークが	⇒下水道	・逆調整池
大きくなる	農業用水	
・洪水到達時間が	⇒排水路	
早くなる	工業用水	
・渇水流量が	⇒商品か	
減る	リサイクル⇒海?	

図 9-5　水量の減少要因

　九州の筑後川水系、大山川では大山川ダムの放流量増加で水量が増加し、かつて清流のシンボルであった「響き鮎」が戻ってきた（**図 9-6**）。このように全国各地で清流を取り戻す活動が展開され、清流復活が実現していっている。

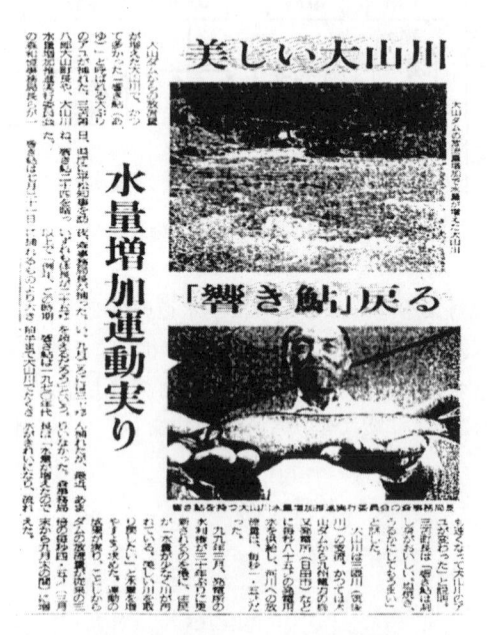

図 9-6　"「響き鮎」戻る"の新聞記事

清流復活が実現するかどうかの鍵は、水量を増加させることである。そのためには、下水道処理水を再利用することが有効であるが、やはり決め手はダムによる河川用水の確保が最大の有効な方法となる。ダムによる維持用水確保は清流復活の切り札なのである。

全国の清流復活により河川環境が改善された事例を調べて見ると9パターンがある（図9-7）。

```
〔1〕ダム・堤等の貯留水の放流を弾力的に運用する方法
    (1) 黒部ダムの観光放流
    (2) 新帝釈川発電所のフラッシュ放流
〔2〕ダム湖と自然湖沼と相互に連携運用する方法
    (1) 田沢湖の水辺環境改善
〔3〕発電所の減水区間に対し、河川維持用水を放流
    することによる解消
    (1) 赤石川等清流復活
    (2) 筑後川・柳又・女子畑発電所の減水区間の解消
    (3) 稲葉川・竹田発電所の減水区間の解消
    (4) 小鳥川清流復活事例
    (5) 四万十川と家地川ダム
    (6) 信濃川中流区部の減水区間の解消
    (7) 発電ガイドライン
〔4〕水質悪化区間に水質浄化用水を導入する方法
    (1) 堀川浄化用水の導入
〔5〕下水処理場の放流水を送水する方法
    (1) 玉川上水、野火止用水、千川上水の清流復活
    (2) 新宿再生水事業所、城南三河川の清流復活
    (3) サクシュ琴似川再生事業

〔6〕流水保全水路の整備
    (1) 江戸川流水保全水路、ふれあい松戸川
〔7〕水利用高度化事業
    (1) 荒川水利用高度化事業
〔8〕水環境改善緊急行動計画
    (8-1) 清流ルネッサンス21
        ①松江堀川の清流復活
    (8-2) 清流ルネッサンスⅡ
        ①菖蒲川・笹目川清流復活
        ②茨戸川清流ルネッサンスⅡ
〔9〕酸性河川水を中和することによる清流復活
    (1) 品木ダムによる吾妻川・湯川清流復活
    (2) 四十四田ダムと松尾鉱山排水中和処理
    (3) 玉川ダムによる中和処理工場
```

図9-7 清流復活による河川環境改善事例の研究
（水量・水質・ゴミ・景観・生態系）

図9-7の〔7〕〔8〕〔9〕は、下水処理水の放流口の工夫、河川維持用水の工夫等による水質浄化用水の導入等をいろいろ組み合わせる工夫により実現している。要は、何らかの手法により河川維持用水の増量を図ることなのである。すなわち清流復活の切り札は、ダムによる新たな河川維持用水の確保が最も有効な手段となっているということである。

9.3 清渓川の復元と日本橋川・神田川の清流復活

韓国の首都・ソウルの中心部を流れる全長約8kmの清渓川（チョンゲチョン）は、1960年以降、生活排水による水質汚染が深刻となる一方、周辺のビルの建

設ラッシュにより大きく変化した。さらに道路の拡張に伴い、清渓川は蓋がかけられ暗渠化されていた。その姿は地上から消えてしまい、忘れ去られようとしていた。2002年のソウル市長選で、覆いかぶさる市内高速道路を取り払い「清渓川の水と緑の清流の復活」を公約に掲げて当選した李明博（現・韓国大統領）の意向により清渓川の復元と整備はものの見事に実現した。拍手喝采・快挙あっぱれである。

一方、我が国の首都東京のど真中に流れる日本橋川・神田川の上空は高速道路、下は三面張コンクリートの側溝と成り果てている。そのシンボルが日本の道路元標である日本橋である。日本橋は高欄、親柱等、日本の街道の中心に恥じないデザインだが首都高速が直上空を通り、そのみじめさはない。韓国の清渓川の復元と同じ手法を導入すれば、日本橋に空を取り戻し、日本橋川・神田川の清流復活が実現できる。そのような思いから、様々な会も結成され運動が起こってきている。韓国でできたことが日本でできないことはないと確信する。

神田橋と鎌倉橋の付近・神田川の左岸に沿う世界有数の国際ビジネスセンターとして日本経済の中枢的役割を担う大手町は、最近ではビル群の老朽化が進み、グローバル化、高度情報化への対応の遅れが懸念されてきている。それらに対応し、業務活動を中断することなく老朽化した建物を連鎖的に建て替えることで大手町をグローバルビジネスの戦略拠点として再構築する「大手町連鎖型都市再生プロジェクト」が急ピッチに進められている。

私はこの再生プロジェクトの槌音を見聞きするたびに、清渓川の復元と同様な日本橋川・神田川の復活が、このプロジェクトによって実現が困難になってきているように思えて残念でならない。日本橋川・神田川の清流復活は、沿川ビルの高層化により新たな都市空間を生み出す、この手法しかないと考えるからである。要は、現在進められている連鎖型都市再生プロジェクトに日本橋川・神田川・清流復活への思いが抜けているからである。強力な公のリーダーシップがあれば、同じ手法で日本橋川・神田川の清流復活と都市の再生が同時に実現できたものをと考えるからである。

現在我が国でマスコミが主導する世論で、民でできることは民での声の下、国家公務員の権力の縮小化が強力に進められている。これでは実現できない。韓国は一等国への道をたどっている。日本は三等国への階段をころげ落ちていっているように思える。河川管理者や道路管理者も重要メンバーとして参加しなければ、公の空間（望まれる河川空間）などは実現することは不可能であると考える。

9.4 下水道整備と一括交付金──一括交付金化で河川水質は悪化の道をたどる

　戦後経済の進展と共に河川の水質が悪化していった。それに対し、後追い的ではあるが、下水道整備の重要性が認識され、下水道整備が国の重要政策のひとつに位置付けられ急速に整備が進められ、現在全国の下水道整備率は70％を超えた。効果はてきめんに現れてきた。全国の河川の水質悪化は止まり、水質が徐々に回復し、サケの回帰をはじめ豊かな生態系が戻り始めた。

　「コンクリートから人へ」の実践として公共事業補助金の一括交付金化がある。つまり、自治体が何に使ってもよいという交付金になることも、今後の水質改善を脅かすことになる。下水道は大金がかかる。正確なデータはさておき、全国の自治体の起債残高の約3/4ぐらいが下水道関係である。設備投資のみならず、管理段階でも住民から微収する下水道使用料では実際の管理費をまかなえず一般財源で補填しているのが実情である。

　民主党は一昨年の衆議院選挙で「ひも付き補助金の一括交付金化」を公約に掲げ、政権交代を果たし、公約の実現化の動きが現れてきた。地方自治体が厳しい財政状況にあるこのような時に一括交付金化すれば、市町村は地下に存在するため効果も進捗状況も住民の目で直接確認しにくい下水道整備に力を入れるであろうか。首長選挙がますます人気投票化する時代に、あまりに地味な下水道に大金をつぎ込むことは落選につながる。人気はなくてもナショナルミニマムのインフラ整備を着実に進めるところに「補助金」の生命線がある。こと下水道整備の促進に関しては、一括交付金化は大問題である。

　今の政府・与党は、19兆円の補助金を一括化することにより、4.3兆円の無駄が削減されると計算していた。一括化により補助金は3割も4割も減らせると豪語されていた幹部もおられた。

　2010年の補助金総額は21.0兆円、そのうち社会保障費関係は14.8兆円、文教・義務教育関係が2.3兆円、残りの大半が下水道整備の補助金であり、その他、河川や道路の補助費だという。マニフェストをよく読むと、社会保障や義務教育関係は削減の対象から除くと記されている。下水道整備の大口補助金を筆頭に、河川や道路の補助金をバッサリと形をとどめないほど削減しようとしている。

　大渇水時において、河川環境確保のために最優先で維持流量を確保する重要な役割の八ッ場ダム等のダム事業は中止に追い込まれている。このため維持流量の安定確保や増加は見込めない。一方で下水道整備が遅れている地方山間地は、ようやく予算が回ってくる時期に、補助金一括交付金化で下水整備が進まな

くなり、河川の水質改善は止まることになる。そうなれば東京・埼玉等下流都市の人々の水道水はより高度な処理が必要となり、税の無駄遣いに繋がることになる。

10.
究極のクリーンエネルギーとしての水力発電

10.1 ヒヤヒヤする綱渡りの連続・日本の電力事情

　現在、東京等の大都市で1時間も停電すれば、いろんなものが機能できず大パニックとなる。大正時代生まれの人が、ランプやホヤを磨くのは子供の仕事、電灯が引かれたときの喜びは言葉で言い表せなかったと話をしていた。当時は停電という言葉はなく、給電と言った。つまり、夕方の数時間のみ給電されたのである。水力発電によって初めて電灯が点き、その後水力発電が徐々に増強され給電時間が増えていった。私の子供の頃は台風が来るたび停電していた。台風期にはローソクと乾パンの買い置きが欠かせなかった。
　日本は水が豊富で、河川は急流で落差があるので水主火従（水力発電が中心で火力発電は従）と言っていた。その後、都市の発展とともに電力需要は急増し、水力では賄い切れず、今では火力発電と原子力発電を中心とする潤沢な電気が豊かな文明生活と旺盛な産業活動を支えている。
　現在の東京都等の高度な情報化、電脳化された大都市が停電すれば、単にエアコンや照明にとどまらず、オンライン取引は停止、交通機関の混乱や、エレベーター内に閉じ込められる人の発生、手術中の患者も予備発電機が立ち上がるまでに昇天（死亡）等、恐ろしい事態が待ちかまえている。
　停電は一瞬にして生起する。需要量がいったん供給量を上回れば一瞬にして生起する。昭和62年の7月23日の正午過ぎ、私は富士市にいた。甲子園の夏の風物詩である高校野球の熱戦が連日繰り広げられている。それに毎年更新される猛暑が重なった。昼休みが終わり、13時になればすべての工場等も電気を入れる、エアコン需要も急増する。富士市を中心として停電となった。信号機は点灯せず、交差点はすべてマヒ状態となった。幸いにも中部電力からの緊急の電力支援を受けて短時間で済んだ。

平成15年（2003）の夏は8月5日（33℃超）の後は記録的な冷夏だった。電力不足が懸念されていたが、9月1日に社長会見で、「夏の需給の厳しい局面はほぼ乗り切れた」と安全宣言をしたばかりの中秋の名月の9月11日、東京の最高気温は33.2℃、同日午後2時から3時の間、その年の最大電力を記録した。

　平成19年（2007）8月22日、猛暑で首都圏の最大電力需要量が記録を更新した。当時は中越地震で柏崎刈羽原子力発電所が止まっており、綱渡りの供給が続く中で、なんとか必要な電力供給の目途がつくと説明していた東電の目算が狂って停電の危機となった。

　東電は、朝まで最大需要量は前日並みの6,000万kWと見ていた。東京大手町の気温は午前7時に30℃を超えぐんぐん上昇した。30℃を超えると、1度上がるごとに需要は170万kW増える。前日の予想を100万kW積み増したくらいでは済みそうにない。午前11時半、緊急対策として3枚の「切り札」を切ることを決断した。1つ目は大口の得意先23工場への電力カット（昭和電工等の工場操業停止）、2つ目は水利許可が取り消されていた塩原発電所の緊急稼働、3つ目は他の電力会社からの緊急融通拡大である。

　東電からの連絡を受けた経済産業省は、午後0時45分に産業界と国民と他の省庁に緊急節電の協力を呼びかける記者会見を開く。ロビーや廊下の電気を消す。冷房の設定温度を30℃に引き上げる。あちこちのオフィスが薄暗くなった。12時43分、最高気温37℃を記録した。午後1時夏の高校野球決勝が始まった。電力需要は午後2時過ぎ6,147万kWまで上がった。午後3時17分高校野球決勝終了。ようやく電力ピークは去った。3つの緊急「切り札」で最悪シナリオを回避することができた。実は平成2年（1990）にも大口23工場の緊急節電を要請していた。

　気象庁によると、21世紀に入って10年間（2001～2010）に記録した気温35度以上の猛暑日数は、20世紀初頭の10年間と比べて約50倍に増えたと発表している。

　首都の電力の需給は夏の猛暑日の気温の1℃にヒヤヒヤ綱渡りの連続である。その都度、日本の経済を支えている大口の工場の操業停止要請によってようやく切り抜けている。このような脆弱なエネルギー基盤ではものづくり日本も次々と新興国に追い抜かれていくこととなる。こんなことでよいのであろうか。

　ところで、このような最悪の停電を回避するための電力は水力発電なのである。東京電力の発電設備（平成10年2月末）の内訳は水力が766万kW（13.5％）、火力が3,177万kW（56.0％）、原子力が1,730万kW（30.5％）である。経済の発展や生活レベルの向上に伴い電力需要は増大し、かつての主役であった水力発電

は火力発電と原子力発電に主役の座を譲り渡している。水力発電は発電量の割合は小さいが、実はこの数字の何十倍もの役割を果たしている。1日の電力使用量は大きく変動するが、原子力発電や火力発電では小回りの利く出力調整は難しい。これに対し、水力発電では水量を調節することにより発電量調整は極めて容易である。

図 10-1 に示した1日の時間帯別発電の図を見ると分かるように、一番下のベースに流れ込み式水力がある。ランニングコストがかからない超クリーンエネルギーで親孝行な働き者なのである。そして、一番の需要の突出した日内変化のピーク時の最大負荷時に揚水発電が働く。どういうことか。緊急時上池から下池へ水を落とすことにより、一瞬に電気需要の急増に対応してくれる。親にとっては大変心強い力持ちの息子なのである。火力や原子力は、このような小回りのきく早技は到底できない。

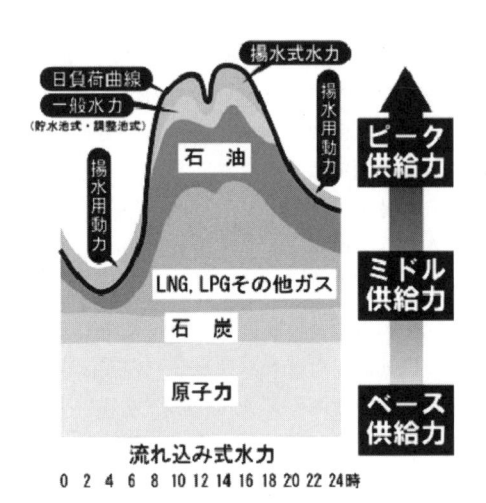

図 10-1　1日の時間帯別発電

福島第一原子力発電所の事故の際には、東電はエリアごとの計画停電により電力需要のピークを乗り切り大規模停電事故を避けようとした。しかし、計画停電は産業や交通、日常生活に甚大な影響を与えた。水力発電は、日々のピーク対策を人知れず担っているとも言え、小回りの利く特性は危機管理面から再評価されるべきである。福島原子力発電所の今後の見通しが立たない中で、安定供給がますます重要になるが、建設中の群馬県神流川揚水発電（下久保ダム利用の揚水発電）の早期完成などを目指す必要があるのではないか。

10.2 エネルギー自給率4%の日本・これでよいのか
―― 電力の安定的供給面からの水力発電再評価

　文明の三要素は「水」と「食料」そして「エネルギー」である。我が国の食料自給率は約40%、水の自給率は食料輸入を仲介して水を輸入しているとする仮想水の概念からすれば約50%、エネルギー自給率はわずか4%であり、先進国の中できわだって少ない。我が国の国産エネルギーは水力発電である。

　我が国の発電量の内訳は、石油、石炭、天然ガス等の火力発電は約48%、ウランを原料とする原子力発電は約31%であるが、これらはすべて輸入エネルギーである。これらの輸入エネルギーも、可採年数は石油が41年、天然ガスが65年、石炭が155年、ウランが85年と限りがある。危機管理上、これらのエネルギーの安定輸入対策が重要であるが、世界の火薬庫とも言われる通り中東の政治情勢は長い間不安定であるし、ウラン産出も一部の国に偏っている。さらに今後、中国をはじめとするアジア諸国を中心にエネルギー消費が急速に増加すると見込まれている。世界的なエネルギー需要の逼迫が懸念されている。

　こうした中、エネルギーの96%を輸入に頼っている日本にとって、エネルギーの安定確保は最大の重要課題ではないだろうか。水力発電はエネルギー面でも再評価されるべきではないか。水力発電のエネルギーの源は降雨と標高差であり、純国産エネルギーである。尖閣諸島の漁船衝突事件のとき、一時的なレア・アースの禁輸騒動があった。貴重資源の禁輸が長期化すれば、一瞬にして日本の産業は破綻してしまう。我が国の安全保障面からも、絶対的クリーンエネルギーでもある水力発電の意義を再評価しなければならないのではないか。また、我が国は島国であるため、ヨーロッパ諸国のように、天然ガスパイプラインや送電線など近隣諸国とエネルギーを相互に融通し合える状況にはなく、自国でエネルギーを賄わなければならない。

　国産エネルギーでCO_2排出のないクリーンエネルギーでかつランニングコストがかからない水力発電を、国策としてもっと強力に進めなければならないのではないか。

　ダムによらない治水ということで、ダム中止が政府公約として打ち出されている。ダムは治水以外に水資源確保や国産エネルギーとしての水力発電の機能役割も極めて重要である。世界が低炭素社会の形成を目標とする現在、再生可能なエネルギー源である水力発電の価値を再度見直す必要がある。政治主導でダム離脱を決めるなら、今後のエネルギー政策をしっかりと国民に説明する必要がある。

10.3 リスク管理面からの水力発電再評価

　エネルギー資源にはそれぞれ様々な特徴がある。石炭、石油、LNG 等の発電は CO_2 を排出し、太陽光、風力、原子力、地熱、水力等の発電は、発電時 CO_2 を排出しない。環境への影響をできるだけ抑えることはもちろん、枯渇有限資源か、循環無限資源かという将来への安定性、ナショナルセキュリティの評価、設備の安全性、それになによりも経済性の評価を考慮しながら各資源の特徴を踏まえて、バランスよく組み合わせて利用していくことが求められている。世界のエネルギー政策の動向としては、CO_2 削減・地球温暖化対策として原子力発電を強力に推進している。原子力発電の燃料であるウランは、一度輸入すると長期間使用することができ、再処理してリサイクルすることも可能であることより準国産エネルギーとして扱うことができる。

　我が国としてはエネルギー自給率の向上を目指すべきである。環境面も考えると、今後は原子力発電には2つのリスクがある。ひとつはウランを自給できないこと。もうひとつは副産物であるプルトニウムを常に冷やしておかなければならないこと。つまり、何らかの原因で長時間停電が発生すると原子力事故の惨事にもつながる。水力発電は最も信頼できる安定的発電である。

　原子力発電を推進する場合において、究極のリスク管理としての水力発電の重要性を忘れてはならない。原子力発電は、いったん事故が起きれば甚大な被害を引き起こす。福島第一原子力発電所事故によって、日本の原子力の安全神話に疑問符が付いたと言わざるを得ない。発電所立地付近は活断層分布しない地域ではあったが、宮城沖地震は予想されていた。したがって、地震や津波への対策も十分なされていたはずである。しかし、自然の力はやすやすと予測を乗り越え、万一の際には何重にも設けられた「冷やす」「閉じこめる」というシステムで安全を確保するとした神話を打ち砕いた。二重の電源が1つの津波という要因で同時に喪失した電源喪失事故である。電源喪失の裏に隠れているが、原発のリスク管理上、大切な「冷やす」「閉じこめる」ための淡水喪失事故でもある。原子力発電事故は、様々な取り返しがつかない被害が生ずるものである。

　唯一の被爆国である我が国においては、事故後の復旧についての社会的合意形成は極めて難航せざるを得ないだろう。しかも、その影響は福島原子力発電所以外の発電所にも及ぶ。しかし、約30％を原発に依存している現状で、自然再生エネルギーである太陽熱（0.2％）、風力（0.4％）は、量的、質的、コスト的に原発の代替には到底なりえない。当面、原発事故からの教訓に学び世界一安全な原発稼動に英知を結集せざるを得ない。

そのような議論の中で、低リスクかつ究極のクリーンエネルギーである水力発電が間違いなく再評価されるだろう。そして、その結果は「ダムからの脱却」議論にも少なからずの影響を与えるものと確信している。更に、原発の究極のリスク管理のため、淡水喪失に備える非常用水源としてのダムの必要性がクローズアップされることとなろう。原発非常用水源ダムは当然のことながら自家用水力発電機能も設置されることとなる。電源喪失対策の3つ目の全く別系統のセキュリティ電源ともなる。重要課題として是非共検討していただきたい。

11.
5つの気候異変と地球温暖化
——日本の気象の激変を知る

　気候異変は全地球的異変のようだ。平成15年（2003）を例にとると欧州「炎暑・熱波」、台湾「渇水」、日本「冷夏」と、連年のごとく世界各国における異常気象が報道されている。異常気象の結果、世界中で洪水や水不足・電力不足、農作物の被害等が報告されている。

11.1　降れば大雨、降らなければ小雨、降雨変動幅拡大

　図11-1は、東大の梶原誠氏らの研究である。豪雨頻度が増大化しているのが見て取れる。すなわち、梅雨のしとしと雨はなくなり、降れば「大雨」「豪雨」、降らなければ少雨続きと、降雨変動幅が拡大してきている。

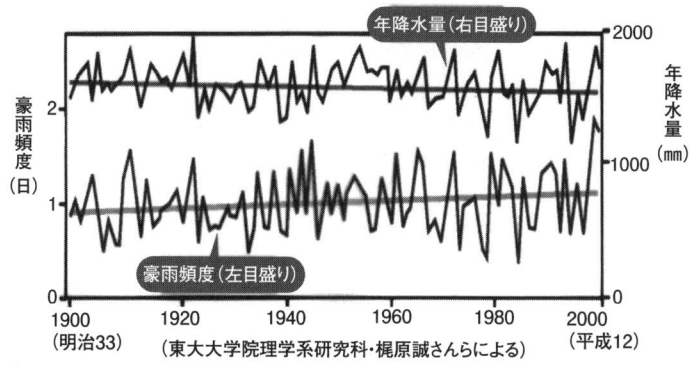

豪雨頻度：100年間の日降水量を多い順に並べたとき、100位の値を基準値とし、基準値以上の日降水量があった場合を豪雨と定義した。つまり1年に1回程度の大雨を豪雨としている。

図11-1　全国平均の年降水量と豪雨頻度の経年変化

11.2 全国平均の年降水量の経年変化、トータル雨量の減少化

また同図は、この100年間で年降水量は着実に減少傾向にあることを示している。すなわち、水資源確保は厳しい条件へと変化している。

11.3 局所集中豪雨の頻発

(1) 記録的集中豪雨のメッセージ

1時間雨量が50mm以上あるいは100mm以上の発生回数の経年変化を見ると、集中豪雨が着実に増加してきている（**図11-2**）。

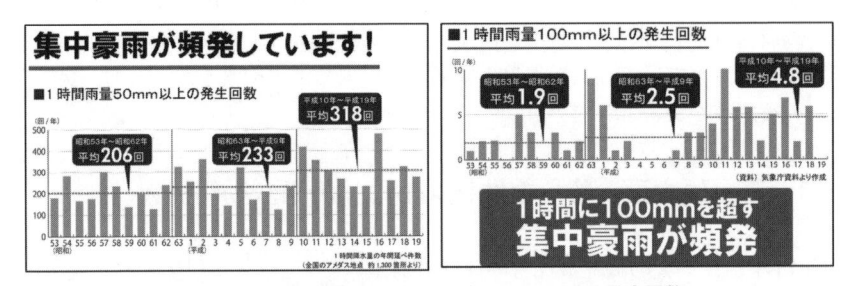

図11-2　1時間雨量50mmおよび100mm以上の発生回数

ごく最近の記録的豪雨を拾い挙げてみると、
① 1944年10月17日：高知県清水　時間雨量150mm
② 1982年7月23日：長崎大水害、長与町役場　時間雨量187mm、長崎市長浦岳　時間雨量153mm
③ 1999年10月27日：千葉県香取市　時間雨量153mm
④ 2000年9月11日：名古屋市　日降水量428mm、2日間で567mm、東海市　時間雨量114mm、日降水量492mm
⑤ 2005年9月4日：杉並区　時間雨量100mm超える、善福寺川氾濫　1,000戸以上床上浸水
⑥ 2006年11月26日：高知県室戸岬　時間雨量149mm
⑦ 2009年8月9日：兵庫県佐用町　死者18人、不明2人　24時間雨量326.5mm
⑧ 2010年9月8日：静岡県小山町1時間約110mm、神奈川県山北町　時間雨量約100mm

⑨ 2010年10月20日：鹿児島県奄美市住用町　時間雨量131mm、2時間雨量260mm、2日間で825mm、鹿児島県名瀬市　日降水量648mm、奄美市で18日夜から21日午後10時まで総雨量977mm、2,000人以上孤立、死者3人

豪雨地点は都市部、内陸、海岸、離島等どこで降るか分からない。日本の河川で時間雨量100mmを記録して災害が生起しない河川はない。

11.4　季節の区切の異変、台風期・梅雨期の異変

平成15年（2003）と平成16年（2004）の新聞記事を拾い読みしてみると、2003年の夏は「記録的冷夏」「9月の中秋の名月の時期にいまさら夏本番」といった見出しが躍っている（図11-3）。

図11-3　2003年の新聞記事

・8月14日　最高気温異変。東京の最高気温、平年より8.2度低い22.8度、10月上旬並の肌寒い一日。仙台21.1度、名古屋24.3度、広島23.6度、福岡22.7度、大阪25.2度、札幌25.2度。
・9月11日　中秋の名月、東京33.2度。
・東京電力の最高電力記録、9月11日午後2時〜3時に5,736万kW。これまでの最高は8月5日に5,650万kW。9月1日に東電社長会見で「安全宣言」「夏の需要の厳しい局面をほぼ乗り切れた」と発表したばかりである。

・9月11日　川崎市立高津中学生28人熱中症で病院へ。

2003年11月は各地で記録を更新する暑さであった。この年、世界に目を転じれば、

・イタリア猛暑、電力消費量増加から全国的停電。
・上海60年ぶりの猛暑、電力不足深刻、企業1,000社操業停止。

日本の空だけでなく、世界の空に異変が起こっている。

2004年11月には記録的大雨が報じられている。また、同年12月は関東で師走の夏日があった。さらに暴風で、東京では最大瞬間風速40.2mを記録した（図11-4）。

日本には四季がある。その季節の区切りが狂ってきた感じがする。河川管理においては洪水期とか梅雨期等の季節区分があり、洪水期制限水位等の季節別の管理基準などを設定しているが、それらも異常気象が持続すれば見直すことが必要となってこよう。

図11-4　2004年の新聞記事

11.5　台風襲来数の異変

日本に上陸する台風の最大の上陸数は平成2年と5年の6個であったが、平成16年はそれらを遥かに上まわり、例年の4倍の10個となった（図11-5）。そうかと思うと、台風上陸ゼロの年が昭和59年（1984）、昭和61年（1986）、平成12年（2000）、平成20年（2008）としばしば生起する（図11-6）。

台風は洪水災害をもたらす一方、恵みの雨をもたらす。沖縄や四国等のダム

は、台風の降雨を貯水することが重要な役割である。台風上陸ゼロでは、次シーズンまで水不足に悩まされることとなる。地球温暖化の影響かどうかは分からないが、気候異変が着実に進んでいることは間違いないと言えるだろう。

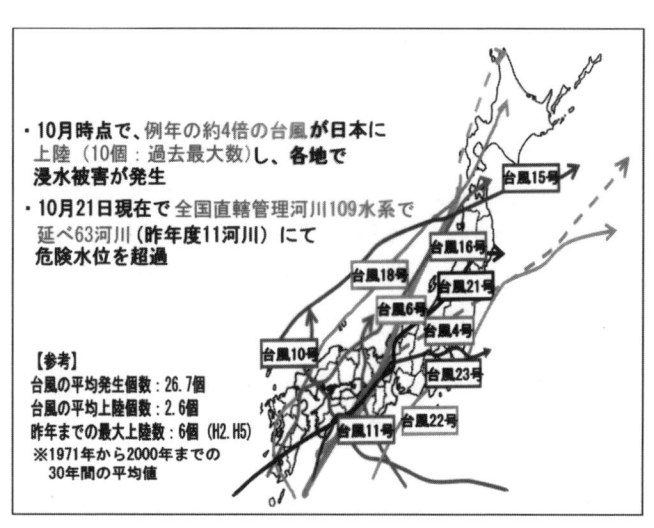

図 11-5　日本に上陸した台風の経路図

図 11-6　台風上陸ゼロを報じる新聞記事

11.6　確実にやって来ている地球温暖化とヒートアイランド

　利根川水源の関越の山の積雪は、温暖化の影響で減少化の傾向にあるという。積雪が少なければ春先の雪解け水が減少し、田植時の代かき用水がピンチになる。それだけではなく、雪解け水を溜めきれなければ、夏の深刻な水不足が待ちかまえている。利根川水源域の積雪の減少は、首都圏の利水安全度低下に直結する。首都圏にとって深刻な水危機が襲来する。

　一方、近畿圏の母なる湖と言われている琵琶湖に流入する河川水は大きく3つのピークを持っている。琵琶湖北部の積雪地帯の雪解け水が春先に流出してくる融雪出水、それに梅雨出水、および夏～秋の台風による出水である。このような年間を通じて流入してくる水が琵琶湖の水量を安定化させており、水資源として利用しやすくしている。温暖化に伴って、冬季の積雪がなくなると、近畿の水の安全度も急激に低下することとなる。

　21世紀に入って10年、東京都心でこの10年に記録した気温35度以上の「猛暑日」数は20世紀初頭の10年と比べて約50倍に増えた。一方、最低気温が氷点下の「冬日」は約25分の1に激減している（**図11-7**）。猛暑日の増加は水需要量の増加、電力需要量の増加と直結する。確実にやって来ている水とエネルギーの異変に対して、十分な水とエネルギーの備蓄対策をとっておかなければならない。

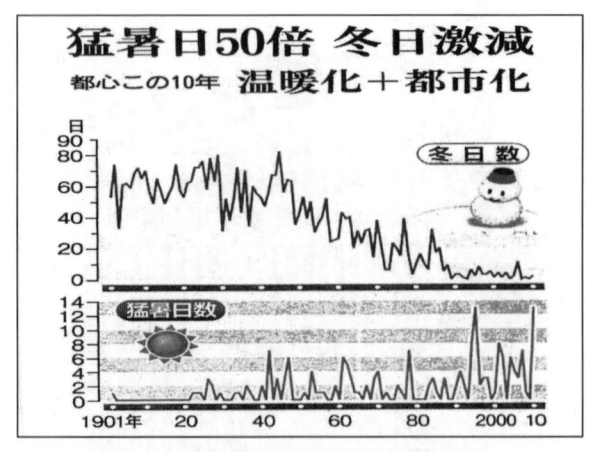

図11-7　東京都心の猛暑日数と冬日数の変化

11.7 気候異変にいかに備えるか

表 11-1 は、2005 年 8 月にアメリカ合衆国南東部を襲ったハリケーン・カトリーナと、1959 年 9 月に日本で 5,000 人以上の犠牲者を出した伊勢湾台風の比較である。

表 11-1 ハリケーン・カトリーナと伊勢湾台風の比較

	ハリケーン・カトリーナ	伊勢湾台風
上陸年月	2005 年 8 月 25 日	1959 年 9 月 26 日
最低気圧	902hPa	894hPa
上陸時気圧	910hPa	929hPa
最大風速	78m/s	75m/s
死者・行方不明者	1,836 人、不明 705 人	5,098 人
浸水面積	374km^2	310km^2
浸水戸数	約 16 万戸	約 19 万戸

伊勢湾台風から 50 年の節目も過ぎ、日本人の記憶から忘れ去られようとしている。ハリケーン・カトリーナの災害は、忘れてはならないとの警鐘のように思える。首都圏でも阪神圏でも、このクラスの台風がどの年にやって来ても決しておかしくはない。大丈夫だと言えるだろうか。

表 11-2 は、平成 12 年に発生した東海豪雨と平成 15 年の福岡豪雨の比較である。

表 11-2 平成 12 年の東海豪雨と平成 15 年の福岡豪雨の比較

	東海豪雨	福岡豪雨
年	平成 12 年	平成 15 年
被害額	6,700 億円	4,639 億円
事前 治水対策費用（試算）	約 716 億円	553 億円
対策後被害額（試算）	約 1,200 億円	被害額なし

平成 12 年の東海豪雨は記憶に新しい。6,700 億円の被害を被ったが、事前に約 716 億円の治水対策をやっておけば、被害額は約 1,200 億円で済んだと試算されている。平成 15 年の福岡豪雨は 4,639 億円の被害を被ったが、事前に 553 億円の治水対策をしておけば、被害はなしで対応できたと試算されている。両災害とも事前に想定された災害であり、治水対策も検討されていたものである。国家

百年の治水対策は政権が代わるごとに見直して変わるような代物ではない。着実に一歩一歩安全度を高めていく以外にない。

12.
天変地異・活動期に突入
——日本の大地の現状を知る

12.1　巨大地震の活動期に突入

　世界で生起する全地震の概ね1割が日本で発生しており、マグニチュード6以上の大地震に限ると、実に約2割が日本において生起している。巨大地震はプレートの動きが原因である。歪みのエネルギー蓄積量が少ない時期は、巨大地震はなく静穏期である。一方、歪みエネルギーの蓄積が進み限界になると、巨大地震が頻発する地震活動期となる。過去400年間の震度5、震度6の巨大地震の活動記録を見ると、明確に静穏期と活動期が分かれており、繰り返し交互に生起している。

　マグニチュード7.9の関東地震（1923）以降、約70年間は静穏期だったが、首都圏は、今回マグニチュード9.0の東日本大震災（2011）が生起した（図12-1）。明らかに活動期の端緒と見なすことができる。東海地震、南海地震は双子の

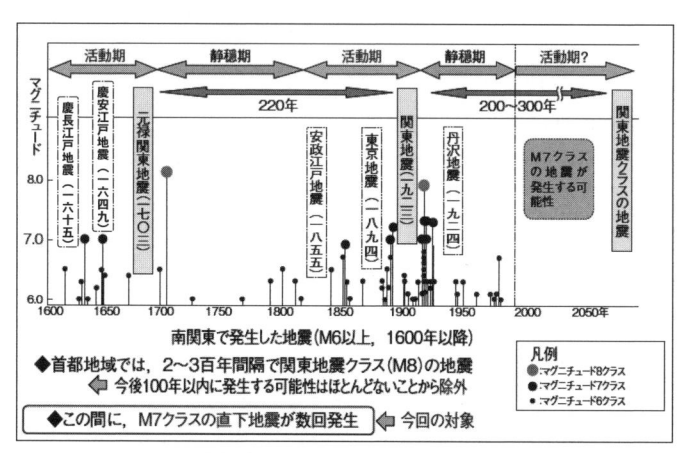

図12-1　南関東の巨大地震（平成22年度　防災白書）

兄弟の地震である。関東地震は少し離れた兄貴分の地震である。これらの地震の発生が近いと言われて久しい。阪神・淡路大震災や東日本大震災の大変な経験から、謙虚にどれだけ多くの知恵を学ぶかが問われている。

12.2 "天変地異の世紀"と治山・治水

(1) 気候異変と治山・治水

昨今、メディア等でよく耳にする"地球温暖化"とは、温度の変化に第一義的に注目した見方である。現在の地球異変の本質を捉えるには、そういった温度変化のみに注視するのではなく、地球上に生起している"諸現象の異変"と捉えるべきである。その地球異変の諸現象の中で、人間社会に大きく襲い来るものに、豪雨異変と4つの降雨異変がある。

異常気象とは"流行"と"不易"。松尾芭蕉の俳諧の理念である。日々直面する流行の中に不易のものを見つけることが重要である。

(2) "なまず三兄弟"と地震に起因する山地崩壊

関東大震災・東海地震・南海地震は、東海と南海の双子の兄弟である。関東は少し離れた兄ということになる。まさに大地震の"なまず三兄弟"である。大地震で恐ろしいのは山体崩壊である。山体崩壊はボディブローのようにジワジワとこたえる。巨大地震と列島火山活動、富士山や浅間山の噴火は連動している。

世界における自然災害による年平均被害者数の1988年から2000年までの集計を見ると、旱魃・飢饉が7～8千万人、地震や火山によるものが1千万人以下であるのに比し、洪水によるものは実に1億7～8千万人と圧倒的に多い。

我が国における各種災害による年平均被害棟数を調べてみると、火災によるものが5万棟、地震によるものが3,900棟に比し、水害によるものが20万棟と圧倒的に多い。その要因としては、我が国の国土の10％の河川氾濫区域に、人口の49％が居住し、そして資産の75％が集積していること、さらに、欧米と比較して降雨量が2倍以上多く、それも台風期・梅雨期等に集中することが挙げられる。その結果、急峻な山地では土砂災害が頻発し、その土砂を下流へ流す河川は世界でも例を見ない天井川となり、その堤防はカミソリ堤防と揶揄されるほどよく切れるのである。破堤の輪廻を繰り返す天井川の宿命を背負っているのである。世界においても日本においても最大の自然災害は河川災害であり、我が国においてはさらに頻発する土砂災害が河川災害を一層大きくしている。

私が勤務していた大学が静岡県にある。静岡を例にとって考えて見る。

全国に109ある一級河川のうち、実に6河川が静岡県内を流下している。昭和33年台風で死者不明者1,269人を出した狩野川、フォッサマグナに沿う日本三大急流の富士川、糸魚川・静岡構造線そのものの安倍川、東海道の難所として名高い大井川、昭和36年の伊那谷災害の暴れ天竜川、小河川であるが災害の悲惨さで引けをとらない菊川の6河川である。いずれも日本の災害史を飾る立役者揃いである。

　静岡においては、災害といえば、近く生起する可能性が高い東海地震そして富士山の噴火等が、マスコミに取り上げられて実にかしましい。宝永4年の宝永地震は死者不明者約2万人、被災戸数約8万戸と大災害をもたらした。私はここで忘れてほしくないものとして、巨大地震を引き金として生じた日本三大崩れの大谷崩れの大山体崩壊がある。大谷崩れは1.2億m³の大山体崩壊であり、安倍川の源頭部から下流の河口まで河底を一変させてしまった。また、日本の風土の美の象徴、富士山の山体を大きく崩した大沢崩れも、その起源は情報が少なく断定されていないが、プレート運動に伴う大地震の都度、その規模は拡大してきている。

　巨大地震による山体崩壊はその後何十年、何百年と土砂災害と下流河川の河底変動をもたらす。その後の豪雨現象による、河川の氾濫を繰り返す元凶なのである。来たるべき東海地震により、大谷崩れ、大沢崩れの拡大の他、次なる大山体崩壊が生じる可能性があることを、この静岡の大地はメッセージとして発している。

（3）　天変地異の世紀に備える——温故知新から教訓が生まれる

　21世紀は"天変地異の世紀"である。天変地異にどう備えるかということが重要である。これまでにも歴史に残る重大災害が発生している。ならば、それらの災害に関わる各種情報の発生・把握・共有化を図ることである。そうすれば、その中から災害に関わる知識が形成されてくる。知識が昇華されると、知恵が熟成される。そうすれば教訓が生まれるのである。

12.3　日本滅亡を目論む列強の脅威と大自然の脅威

　政権交代後の日本は、日本を滅亡させようとする外敵の脅威に対し極めて鈍感である。日本固有の領土である竹島が韓国に不法占拠されて久しい。また、北方四島も戦後のドサクサに紛れて実効支配されて65年になる。今回の尖閣諸島の漁船衝突事件でも中国が尖閣諸島の領有権を主張している。国家とは国民の安全

と国土を守ることが最大の責務である。北朝鮮の拉致問題や上記の領土問題等、日本をとり囲む諸列強は核の脅威をちらつかせながら、日本を食いものにしている。

また日本人は、これらの諸列強からの脅威のみでなく、日本の国土の安全を脅かしている大自然の脅威に対しても極めて鈍感である。日本は、世界の中でも稀に見る、他国とは比較にならない厳しい災害の宿命を背負っている。日本の国土は少し手を抜くと地震や火山、津波、洪水等で壊滅的な被害を受けることが想定されている。日本の国民の命と国土を守ることが政府の最大の使命だと思うのだが、現在の対応を見るにつけ、実に情けない限りである。

大自然の脅威は、これまでいくつもの警告を発しているが、日本の政府は一切お構いなしで、反対に、来るべき大災害に備える国家百年の計の大切な重要なプロジェクトを無駄なシンボルとして、事業仕分けとやらで次々切り捨てている。専守防衛を国是としている日本の自衛隊は、明瞭に攻めてこなければ対抗手段がとれない形になっている。そこがつけ目で、漁民という形で実効支配をたくらんでいる。

日本の固有の領土が次々他国に実効支配されていっているのに、いっこうに気がつかない振りをしている。その揚げ句の果ては、民主党が政権交代をした機に小沢一郎が団長で民主党の国会議員何百人かを引き連れて中国の要人に表敬訪問に行っている。中国の歴史には、周辺諸国が従属の証として表敬訪問する朝貢という制度があった。まさに歴史に残る朝貢外交そのものである。

一方、中国紙の世論調査では「領土紛争は必要とあらば武力で解決を」との回答が36.5％に上がっており、離島に関する紛争で最も警戒すべき国として、47.7％が米国を、40.5％が日本を挙げたと報道している。相手国の善意を疑わない性善説が国際社会で成立するほど人類社会は成熟していない。

13.
百家争鳴・ダム是非喧噪

13.1 「ダムによらない治水」論――根拠なき八ッ場ダム不要論

　前原元国土交通大臣は、八ッ場ダムは治水に効果がなく無駄であり、水需要もなく利水も無駄だと決めつけて、八ッ場ダムの中止の根拠についての説明も一切ないままに、無駄な事業のシンボルとして独断で決められた。根拠を明示せず、中止を明言するのも勇み足であるが、八ッ場ダム反対を一貫して唱えてこられたダム反対論者の説を、丸ごと信用されておられるように推測される。ダム反対論者の論を読ませてもらうと、コンピュータゲームの世界のような感じがする。河川工学は経験工学であり、ブラックボックスだらけの（1〜2割の幅を包含する各種公式）河川災害に至るプロセスの部分部分を繋ぎ合わせて、八ッ場ダムは治水に効果がないと言っておられる。

　河川という捉え所のない魔物・大自然の営力から沿川住民の安全を守り、国土をどう保全するのかという視点に立ち、河川管理の実態を踏まえてどうしたらよいのかを考えることが必要な視点である。

　利根川の場合、我々の先人がこれだけのことをすれば大丈夫だと治水の目標を立てて河川改修をやってきたが、それらの先人の知恵を嘲笑うがごとく、この100年間で3回もそれらの目標を上回る災害に見舞われてきた。大幅な治水の目標流量の変更の繰り返しの歴史である。

　経験豊富な技術の専門家は、既往のいくつもの洪水ではもう一歩で大破堤の寸前までいった現象を見て、どう安全な治水対策にするかを考える。その結果、計算機を利用したいろいろな計算結果は、総合的工学判断の重要な参考資料として考える。河川管理の現実、現場を理解しない人は、計算機のはじき出す数字だけで「八ッ場ダムの治水は不要だ」などといった早計な判断を下してしまうのである。およそ専門的な内容を理解しているとは思われない方が、自分の都合の良い

人の意見だけを採用して独断で決定するプロセスそのものに問題がある。

「ダムに頼りすぎない治水」ならば理解できる。ダムに頼りすぎるのはいけないが、ダムに頼らないと決めつけるのはさらにおかしい。その場しのぎの対応で良い計画ができるはずがない。とにかく、ダムを造らないために何をするかを一所懸命に考えているだけで、何をすることが我が国の治水にとって重要か、繰り返される河川災害から国民と国土をどう守るか今後何を成さねばならないのかを考えていない。国土交通省の設置した今後の治水対策のあり方に関する有識者会議の中間とりまとめの前文でも「できるだけダムにたよらない治水」となっていることの意味するところは何であろうか。

（1） ダムによらない治水・モバイルレビー

「ダムによらない治水」について検討を行っている有識者会議の中間報告に、ダムに代わる代替施設として24の方策が挙げられている。そのうちのひとつに「モバイルレビー」というあまり馴染みのない用語が目につく。「堤防の嵩上げ」（モバイルレビーを含む）とある。モバイルレビーとは何を言っているか調べてみて分かった。可搬式の水止めのことを言っているようだ。

水防工法において、堤防を越流するほどの洪水位となった場合、土のうを使って越流を防止し、破堤を防ぐが、このような場合に、土のうの代わりとなるものを言っているようだ。水防工法とは非常事態の緊急措置である。ダムは国家百年の治水対策である。水防工法はそれを補完する緊急時の応急措置である。同列で論ずるべきではない。

土のう積で越流破堤をまぬがれたこともあるだろう。これは水防活動によるファインプレーである。しかしながら、水防活動は非常時における対症療法的対応であり、水防活動で用いる資材をもってダムに替わる代替案とすることはできない。

13.2 「切れない堤防」論

ダム否定論者は、「ダム計画のない河川では、基本高水がダムを必要としない程度に抑えられているからです」と言っている。これは全くの誤りである。そもそも基本高水は、河川の重要度から一級河川、二級河川等の格付を行い、全国的に見てバランスの取れた計画規模が定められている。ダム計画の有り無しを考えて、基本高水を決めているものではない。基本高水が決まれば、それを踏まえて、河道の対象流量とダムによる調節流量（河川とダムの配分）が定められてい

る。

（1） ダムによらない治水対策

　ダムによらない治水対策とは、具体的に何を指しているのだろうか。「緑のダム」とは、全くの幻である。森林は、大出水が発生した場合には地表が飽和状態になるためピーク時の流量を低減してくれない。利根川の堤防は、上流からの土砂の堆積と堤防の嵩上げのイタチごっこで、大天井川が形成されている。堤防は、嵩上げすればするほど危険性が増大する。利根川の堤防は、近年の洪水時にも各所でパイピングが生じ、必死の水防活動による月の輪工法等により、何とか破堤という最悪のシナリオを回避している。

　ダムによらない治水論を展開するダム否定論者は、極めて幼稚な論理を展開している。「ダムによる治水の対象とする洪水は堤防で受け持つ洪水流量から、ダム計画規模の極めて限定された範囲の洪水までしか考えていない」。ダム否定論によれば、「ダムによらない治水」では、越流すれども破堤しない堤防を考えているので、あらゆる洪水に対して人命を守るとの論理である。そもそも、越流すれども破堤しない堤防などない。前提条件が間違っている。あらゆる洪水に対して人命を守ることなどありえない。実現できない夢のまた夢の堤防を前提としている。

　ダムを築造しても、計画以上の洪水が生起すれば越流破堤して大変なことになる。ダム計画は計画以上の洪水に対して無能だという。堤防は普遍的な治水であり、ダムは極めて限られた範囲でしか効果がない治水策だという。本当にそうであろうか、検証してみる。ダムは100年に1回の規模の大洪水にも効果を発揮し目標を明確にした治水施設であるが、堤防の強化等、ダムによらない治水の対象洪水規模が明確でない。堤防の強化でどの規模までの洪水を破堤せず安全に流下させるのか、その目標がはっきり分からない。越流すれども破堤しない堤防とはどんなものなのであろう。

（a） 堤防の効果は地先限定的、ダムの効果は左右両岸、下流全川

　川の溢れる水を堤防で守るということは、どういうことか。全川にわたり、左右岸、どこか1カ所でも弱点があれば、そこから堤防は決壊してしまう。全川にわたり、水も漏らさぬような完璧な堤防を築くことは不可能なことである。堤防が守るのは、堤防の築かれる、その地先という極めて狭い所に限定される。

　「天網恢恢疎にして漏らさず」という言葉がある。河川の流水は、どこか少しでも堤防の弱点を見つけて、そこから決壊する。堤防とは、1カ所破堤すれば、他の場所は破堤する可能性が下がる。他人の不幸は我が身の幸となる。堤防補強

は極めて局所的限定的である。一方、ダムによる効果は河川の左右岸、全川にわたり平等に洪水位を下げる。ダムの治水効果は極めて広域的である。広域的に有効な治水政策を排除する理由が分からない。

(b) 治水効果を発揮する所はどこか？

堤防は堤防が設置されるその地先のみを守る。右岸の堤防は左岸の人家を守らない。左岸の堤防は右岸の農地を守らない。下流の堤防は上流の町を守らない。上流の局部的な堤防は下流の都市を守らない。堤防は上下流、左右岸で安全度は同じではない。できるだけ、バランスを取るように心がけているものの、地元の理解や協力の差により、バランスはくずれているのが現状である。例えば、下流河川の整備を優先し過ぎて上流部の河川整備が遅れ、安全度の向上が図れていない等の強い不満が多く出ている。

大自然の猛威・洪水は、必ず一番弱い所を見つけてそこから破堤する。1カ所破堤すれば、洪水位は一挙に下がり、他の場所は一挙に安全になる。堤防整備のみによる治水対策では、年々洪水時の土砂流出により河床上昇が進み河積減少を発生させるため、治水安全度が低下する。安全度維持のためには、河床掘削や堤防の嵩上げを河川の長い区間にわたって営々と続ける必要がある。ダムによる洪水調節は、ダムの直下から下流全川にわたり、左右岸わけへだてなく平等に確実に水位を下げる。

(c) ハードな堤防ダム等の設計対象洪水規模？

ダム否定論者は、「ハードな構造物の設計目標洪水を現堤防で対処できる規模まで切り下げれば、ダムは計画しなくてもよい」、「堤防を越流するような洪水に対しては切れない堤防を造るので、越流さす。越流すれども破堤しないので、被害はたいしたことはない」、「人は避難すれば人命は助かる」と言う。しかし、河川の治水安全度・計画目標洪水を下げれば、頻繁に越流破堤することとなる。越流すれば破堤する。切れない堤防はペテン。高度化した都市、価値観多様化した現在では、避難は問題が多い。頻繁に避難することは社会的に賛同が得られない。

ダム否定の考え方は、「現堤防の流下能力規模（10年〜20年確率規模？）から数百年確率規模まで同じ対処方法（すべて越流さす）なので、あらゆる洪水に対して対応できる、素晴らしい治水方策だ」と主張しているもので、幼稚な論理である。また「目標流量を切り下げれば、ダムは不要になる」。これは、洪水被害のリスクが増大することを意味する。少しまとまった降雨があるたびに冷や冷やすることを受け入れろと、住民に強制することである。住民の合意形成をどのように得るのか難しい手続きが必要となる。

(d) 淀川流域委員会の論理

「あらゆる洪水に対しても壊れない堤防」を造ればダムはいらないはず、したがって越水しても壊れないように「堤防補強」すればダムは不要である、と淀川流域委員会のある委員は言う。これは責任ある技術者の言葉ではない。あらゆる外力に対して壊れない構造物などあり得ない。阪神・淡路大震災で痛いほど知らされたはずである。大自然の営力に対する冒涜である。

社会的に影響が大きい施設を設計する技術者の最も基本となる姿勢は、大自然の営力に畏敬の念を持ち、大自然に対して謙虚であるということである。この言葉を使用する限り、堤防の破壊のメカニズムと大自然の破壊力の関係、すなわち切れない堤防の設計条件は何か、どのような洪水条件で設計するのか、その洪水条件を越える洪水はないのか等を明確にしなければ、こんな軽はずみな事は言えない。

さらに、破壊力と破壊のメカニズムが分からなければ、堤防補強のやり方も決まらない。従来もより壊れにくいようにする堤防補強の工法は行ってきた。従来もより洪水に対してより安全な堤防にするため、上流でダムにより洪水のピークを低減させ、洪水位を下げるとともに、一方、堤防は少しでも強いように堤防強化をしてきた。越水しても破壊しない堤防を造るのは、河川技術者の夢のまた夢である。それに一番近い技術的到達点が、スーパー堤防を築造するか、河川堤防を全延長、ダム構造と同様な構造物としてなおかつ、想定される最大流量を吐ける洪水吐を設置するということである。

ダムによらない治水と言いながら、全川すべてダムを作れと言っているようなものである。「あらゆる洪水に対して壊れない」という表現は、信頼できる技術者は絶対に使わない。こんなことばを使う意図は、社会を混乱に陥れようとするペテン師、詐欺師としか言いようがない。これまでの治水計画の考え方は、洪水は自然現象なので、あらゆる洪水に対して万全な治水策などあり得ない。計画対象洪水規模を順次上げてゆき、洪水による被害を受ける確率をどんどん段階的に一歩一歩少なくしていく。

ダム計画は100年とか200年確率規模を想定するので、ダムが完成すれば、その計画規模まではカバーできる。100年から200年確率洪水に対応するということは、実社会現象としては、一生に一度あるかないかの洪水である。それまでダム計画で対応している。それ以上は極めて異常現象ということで計画対象としないことは、社会的に受認される。

(e) 堤防による治水は局部限定的（表13-1）

表 13-1 「堤防のみ」と「堤防とダムの組合せ」の治水の比較

		堤防のみの治水（ダム否定論）	ダムと堤防の組合せの治水
	治水効果の発揮する所（空間的）	堤防で守られている所は極めて限られた局部のみ。（左右岸、上下流、すべて堤防が完成していることはない。必ずどこかが弱く低い所がある）〔局所限定的〕	ダム直下、下流全川にわたり左右岸わけへだてなく平等に確実に河川水位を低下させる。〔全沿川にわたり平等普遍的〕
治水対象洪水規模	治水の当面の計画規模〔30～40年確率〕	中小浸水のたびに護岸の他、河川施設の被害有。堤防は確実に劣化。	基本的に（左）に同じ。ただし、河道の洪水流下能力に見合った最適洪水調節が可能。
	治水の長期の計画規模〔100～200年確率以内〕	計画以上 ○越流をしても破堤せず。 人命は避難するから助かる。 〔越流したら破堤する。上記はペテン幻である。〕	計画の範囲内 ○100～200年確率規模の洪水までダムで洪水調節 ○ダムで貯留した分だけ下流の洪水被害を着実に減少させている
	（100～200年確率以上）	○計画以上は避難しかない。財産・産業活動は致命的な打撃を受けることになるが触れていない（これであらゆる洪水に対応している、と称している） 「越流をしても破堤せず」がすべて。しかし、その保証は全くない。 「できるだけ切れにくい堤防にしたい」ということであれば分かるが、「だからダムはいらない」と短絡することが問題。これで国民を煽動している。	計画以上（100～200年確率以上）順次計画規模を上げていく ○越流すると破堤する 計画以上は避難しかない。 ○財産・産業活動は致命的打撃 計画上は対応できないことになるが、実際の洪水においては、洪水前の渇水で水位が低下している場合には、ダムは計画以上の効果を出すことが多い。H16年の早明浦ダムでは洪水量の全部を貯留した。

13.3 「ダムは無駄」論

(1) 「時は金なり」時間軸の評価
　　——最大の税金の無駄遣いは国家百年の計を止めることにある

　「時は金なり」という金言がある。ダムを計画すれば、このことを嫌というほど知らされる。その1点目は、ダム計画は先行事業ほど大変効率の良い計画ができることである。ダムサイトは大変貴重な国民の宝ということである。どこにでもダムサイトはできるというものではない。地形地質が適していなければ建設できない。先行計画が効率の良い位置にダムサイトを選べる。後発のダムは格段に不利なダムサイトとならざるを得ない。

　次に水資源開発の開発順序がある。つまり、流量に変動がある河川の水量を、水道用水や農業用水等のために安定的に取水することのできる権利の順序が決められていることである。後発計画は、先発計画の河川水利用に支障にならないような水利用しかできないということになる。ダムによる水資源開発では、先発計

画はダムサイトの優位性、それに水利使用順位の優位性から断然有利となる。あらゆる社会基盤整備において大なり小なりこのことは言えるが、ダム事業ほどその差の大きいものはないのではないかと考える。ダム計画は先見の明が極めて重要なのである。

　2点目は、事業着手してから完成までの工期である。ダムの目的は治水事業（洪水調節）と利水事業（水道用水と発電事業それに農業用水供給等）がある。それぞれ単独事業でダムを建設する場合、工期をどのように認識しているかで、その差が大きく表れてくる。

　治水や農業用水確保は公共事業として実施されるため、国の予算の付け方で工期が定まってくる。一方、発電事業は典型的な設備投資事業であり、建設資金は銀行から利子の付く金でもって建設されるので、1日でも早く完成させて、1日も早く発電運転を開始し営業収入を上げて金利負担を減らし、借金を返却していかなければならない。事業着手後は、ひたすら1日も早く完成させることに努めることとなる。まさに「時は金なり」ということが基本原則である。

　さて、淀川流域委員会では琵琶湖の管理や淀川の河川整備のあり方について検討を行っているが、その中心はダム事業の必要性の議論であり、その結果ダムを中止しようとするもので、既に8年以上検証を続けている。さらに今回の民主党政権によるダム事業検証では、はや2年目を経過するが、代替案と建設費比較を中心とした見直しの方針が定められたのみで、今後、予断を持たない検証が実施されるらしい。その間、長年努力されてきた国家百年の計の事業を止めていることが、大変な時間と税金の無駄遣いであることに気がつかないのであろうか。

（2）　八ッ場ダム中止こそが無駄遣いの極み

　民主党政権は、八ッ場ダムは治水・利水に効果がない無駄な事業であるから、即刻中止するという方針を打ち出した。無駄な事業を中止して、マニフェストの子供手当の財源を生み出すと言っていた。その後、八ッ場ダムを中止した場合、地元民の生活再建等で多額な経費がかかることが分かってくると、それらはすべて法律を作ってでもやると言い出した。

　八ッ場ダム中止で浮いた金額を遥かに超える費用がかかるとしても、マニフェスト通りに実行するという。要するに、いくら財源がかかってでも八ッ場ダムを中止するという言い方に変わってきた。子供手当の財源を生み出すために八ッ場ダムを中止するから、財源が余分にかかろうが何が何でもマニフェストに書いたので八ッ場ダム事業を中止するというように、方針が変わってきたのである。いまだに八ッ場ダム中止の代替案も示さず、八ッ場ダムの代替案はこれからゆっく

り検討するという。

　そもそも八ッ場ダムの建設目的は、治水・利水のためである。失われる治水・利水の便益は、今後どうするつもりなのであろうか。事業の全体像、周辺の条件など総合的に見れば、八ッ場ダムの中止は、とんでもない国家財政の無駄遣いということになる。財源がないという国家の緊急事態に際し、逆に大きな無駄遣いとなっていくこととなろう。

　「コンクリートから人へ」のスローガンは、コンクリートが公共事業のシンボルであり、それを切り捨てて現世代の人のため社会保障に金を回そうという論理である。公共事業は次世代の人も受益者となる社会基盤整備への投資であり、受益者である子孫に負担を残すことはまだ理解が得られようが、現在の状況下では社会保障の拡大は現世代の受益のために、次世代に借金をつけ回す結果となるので容認されるべき論ではない。

　民主党政権は、今後は少子高齢化社会になっていくから予算が少なくなる、公共事業には予算を回せないと言う。しかし、少子高齢化社会になっていくからこそ、将来の安心・安全のためには、いま社会基盤を整備充実させておくことが必要ではあるまいか。

　また進行中のダム事業推進においては、地元を始め地域住民からの信頼の下、多大な犠牲と協力と理解を得て進められてきているものである。これを政権の都合で中止の方針とすることは、国を信頼し犠牲となって協力してきた地域住民への裏切りであり、今後国への信頼を損なうこととなり必要な事業も進まなくなることが考えられる。

（3）　淀川流域委員会の8年の無駄

　淀川流域委員会は河川法改正を踏まえ、平成13年より活動を開始した。河川法では「河川整備に係る基本方針」を定めた上で、それに基づき「河川整備基本計画」が立案され、これに対して委員会が意見を述べると定められているが、「河川整備に係る基本方針」が定められる前に、流域委員会は活動を開始している。この意見を述べる「河川整備計画」がない時点で検討を開始したことが、その後の迷走の原因とも思えるが、淀川流域委員会の活動内容について「淀川流域委員会」のHPから、その概要をまとめると、

　① 　検討期間：平成13年2月～平成21年8月の8年と7カ月、現在は中断状態。
　② 　会議開催回数は、種々の会議が開催されており、回数を正確に確認できないが、500回を超えるとされている。

③ 費用についても、詳細は不明であるが、6年を経過した時に行われたレビュー委員会関係の記事に6年間（平成13年から平成19年まで）の費用として約21億円の記述がある。これらの費用は委員会運営費としての直接費用と思われ、会議参加者の人件費やその後の2年間の諸活動を考慮すると、間接費も含めると数十億円の費用を費やしたものと考えられる。
④ 委員会の成果については、委員会自ら「淀川方式」として運営形態を自画自賛しているほか、20を超える中間まとめ、提言書が提出されている。それらに示された内容から「委員会」の基本的な主張を取りまとめると以下のようである。
⑤ 基本理念：自然が自然を創る。予防原則と順応的管理の実施。
⑥ 基本的方針
・治水面では、ダムは原則建設せず、代替案を検討し、最後の手段として社会的合意形成が得られた場合のみダム建設は容認される。あらゆる洪水に対処し、壊滅的被害を避けるため、堤防の強化と流域対策を推進する。
・利水面では、水需要抑制を基本とし、水需要を精査し水利権調整で対応する。
・環境面では、河道について縦断方向、横断方向の連続性を回復させ、自然豊かな河川の形成を手助けする。琵琶湖については環境に配慮した水位操作を行い、豊かな生態系を再生させる。
・住民参加を推進する（ただし、合意形成が得られた状態は定義できないし、その手順も確定できなかった。結果として、河川管理者に住民への情報提供と合意形成努力を求める情緒的な議論に留まっている）。

これら委員会の主張について、本書では越水しても破堤しない堤防は幻想であること、利水面では、現在も生起し、今後とも生起する渇水に備えた対応が必要であることを明らかとしている。

また、ダム建設に必要な合意形成について、どのような状態をもって合意形成が得られたかの判断はできないとし、事実上、ダムは建設できない論理構成となっている（ダム反対派は、ダムの有効性に反論せず、合意形成ができていないことを主張すればダム建設をやめさせることができる）。

淀川流域委員会は、数十億の費用と8年を超える検討期間を要して、上記のような結論に至っている。委員会自らが、運営形態を含めて「淀川方式」と自画自賛する醜悪さはさておき、その成果に見るものはない。何より、これだけの費用と期間を使い、21世紀の淀川を創造していくための基盤すら作ることができていない委員会の責任は重い。

さて、淀川流域委員会では琵琶湖の管理や淀川のあり方について検討を行ってきた。その主なもののひとつとしてダム事業の検証があり、それらの議論に8年を要してきた。その結果および各行政機関の意見を踏まえ、平成21年3月31日に淀川水系整備計画が策定された。

民主党政権により「できるだけダムにたよらない治水」へ政策転換が打ち出された。それを受け「ダム事業の検証に係る検討に関する再評価実施要領細目」が策定されたのが平成22年9月28日である。それにより個別ダムの検証が行われることになった。既に淀川水系整備計画が策定されてから1.5年。さらに検証の一環としての関係地方公共団体からなる検討の場が設置され第一回の幹事会が平成23年1月18日(火)丹生ダム、19日(水)川上ダム、20日(木)大戸川ダムが開催された。政権交代後おおよそ2年近く経っていた。

あるダムの幹事会に、地元の方が時間をかけ大阪までおおよそ10人が見えられていたという。その中の一人の発言内容は、「整備計画策定前まで、ダムが必要である、必要でないという議論を国と我々と膝を突き合わせながら行ってきた。そして、時間も数十年掛かった。自分らもダム事業の必要性を理解し、納得し、要望もしてきた結果である。だからこそ大事な土地も手放し、故郷を離れた。これで時間を要したのは仕方がない。しかし、今行われている議論は何なんだ、淀川水系整備計画策定のときもそうだった。地域以外の人、環境派と称される人など関係の無い人の声に押され、行政は、我々を相手にしていなかった。しかし、淀川水系整備計画策定のときは、もう少しの辛抱ということで8年。やっと方向が出たと思った矢先、政権交代。そしたら今度は訳の分からない検証、今までの議論はなんだったのか、時間とお金の無駄の極みである。我々地元を無視するのにもほどがある。我慢も限界に来ている」といった怒りに満ちたものであった。

河川技術者は、限られた国家財政の下に少しでも治水利水の安全度を上げるべく日夜取り組んできた。日本の国土の安全をおびやかす大自然の営力は、巨大な地球のダイナミズムである。その相手の大自然の営力はどんどん勢力を増してきている。時間的にも財政的にも遊んでいる余裕などない。

淀川流域委員会の8年間で、国民の税金をいくら浪費したのであろうか。8年間で治水利水の安全度は少しでも上がったであろうか。ダム事業に着手してから完成までには、水没者をはじめとする多くの関係者の合意を得なければならないことから長い時間がかかる。民主主義の基本である。

前述の通り「時は金なり」である。しかるに、ようやく待望のダム本体着工にまでなったダムにおいてすら見直しをする、あるいはダムを中止するとはどうい

う了見か。しかも、ダムを中止したからといってダムに代わる代替案は検討もされず、実現もしていないのである。「淀川流域委員会」は時間的評価からすれば全くの徒労であり、経済的評価からは全く無駄な支出になる。ダム事業は自分たちの決めたことではないから知らないとでも言うのであろうか。全くの無責任な考えであり、暴挙であると言わざるを得ないと思うが、読者諸氏はどのようにお考えであろうか。

治水対策の責任者は河川管理者であり行政である。河川整備のあり方について流域委員会でいろいろな有識者から意見を聞くことは必要なことではあるが、最終的な意思決定は責任者が行う必要がある。

13.4 ダム是非喧噪を乗り越えて

最後になりましたが、これまでの「脱ダム論議」「淀川流域委員会の論議」「八ッ場ダムをはじめ、全国のダム是非検証」等々は、これからの日本の治水のあり方を、広く住民の意見を反映させる形で検討する大切な機会を与えていただくこととなった。

国民の安全と国土の保全のため、ダムも堤防も、遊水地も放水路等の治水ハード対策は、地理的条件によって出来るものもあるし、出来ないものもある。自ずから役割分担がある。何かを否定することなく、ダムも堤防も、ハード対策もソフト対策も組み合わせて行く以外にない。

今後の治水のあり方に関する有識者会議の指導のもとに、しっかりとした技術的検討を速やかに行い、河川管理者として責任ある判断をされることにより、百家争鳴とダム是非喧噪に終止符が打たれることを期待している。

14. 備えあれば憂い少なし

14.1　30年以内に生起する確率

　人々は突然の事故や病気に備えて、自動車保険や火災保険、ガン保険等に加入している。**表 14-1** は「30年以内に発生する確率」を示したものである。個人の身に襲い来る事故や病気よりも、地震などの発生確率の方が遥かに高いのである。それなのに人々は、地震や洪水や渇水に対して、なぜ備えようとしないのだろうか。
　洪水や渇水に備える切り札がダムである。ダムを切り捨てては、安心安全に国土の建設はできないのではないだろうか。

表14-1　30年以内に発生する確率

				30年以内に生起する確率
東海地震	M8.0	87%（参考値）		
東南海地震	M8.1 程度	70% 程度	ある人の交通事故死する確率	0.2%
南海地震	M8.4 程度	60% 程度	自宅が火事になる確率	1.9%
関東地震	M6.7～7.2 程度	70% 程度	ガンで死亡する確率	6.8%
根室沖地震	M7.9 程度	40～50%	活断層158断層の約2割が動く確率	1.9%以上
安芸灘・豊後水道地震	M7.7 程度	40% 程度	活断層158断層のうち10カ所が動く確率	6.8%以上
三陸沖南部海溝寄り地震	M7.7 前後	80～90%	100年確率洪水	30%
宮城県沖地震	M7.5 程度	99%	渇水になる確率（10年確率とは）	300%

注）　東日本大震災前の「国が想定していた主な地震の発生確率」。今回の東日本大震災の地震はM7～M8クラスのいくつかの地震が大連動したもの。

14.2 備えあれば憂い少なし

(1) 死者多数の災害

表14-2は、近年の死者多数を出した災害のリストである。平成16年（2004）のスマトラで生起したインド洋大津波で30万人以上が亡くなった災害は、記憶に新しいところである。

表14-2 死者が多数出た災害

災害名	年月	死者
バングラデシュサイクロン	1970（昭和45）年	30万人以上
インド洋大津波	2004（平成16）年12月26日	30万2,000人（1/31現在）
寧夏地震	1920（大正9）年	24万人前後
唐山地震	1976（昭和51）年	24万人前後

（1800年以降）

(2) マレ島を救った護岸

インド洋のスリランカ沖合に、サンゴ礁の国モルディブ共和国がある。その首都はマレという。標高1m少し、東西、南北共に1.3～1.4kmの小さいサンゴ礁の島で、7万人が住んでいる世界一人口密度の高い首都である（図14-1）。

巨大地震の震源地とは、インド洋を隔てて途中に何も障害となるものはない。この島にも巨大津波が押し寄せた。何人ぐらいの死者が出たと思うだろうか。相当な死者が出たと想定されるが、実は死者がゼロだったのである。その奇跡の出来事の種明かしは簡単である。インド洋大津波がマレ島にも押し寄せたわけだが、既に日本の

モルディブ共和国は、スリ・ランカの南西約700kmのインド洋に点在する約1,200の島々から構成されます。このうち人の住むのは約200の島で、首都マレ（マレ島）です。

図14-1 モルディブ共和国の概要

JICAの援助により、マレ島を一周するテトラポッドの護岸ができており、それがマレ島を救ったのである。昭和63年（1988）にオーストラリアで生起した津波に対して、JICAの援助でテトラポッドによる護岸を建設していたということ

である。「備えあれば憂い少なし!!」である（図14-2）。

図14-2　護岸がマレ島を救ったという新聞記事

14.3　河川治水整備・5段階論

　心理学者マズローは、人間の欲望について5段階のレベルに分かれると説いた。非常によく考えられた普遍性のある学説である。
　すなわち、人間の欲望の第1のレベルは食欲・睡眠欲・性欲等の生理的欲求である。この第1レベルの欲求が満たされると、第2の欲求レベルに移る。第2レベルは危険なものから身を守る安全の欲求である。安全の欲求が満たされると、第3レベルとして所属と愛の欲求段階に進む。これが満たされると、第4レベルとして承認の欲求へと移る。周囲の人から価値ある存在として認められたいという段階に移る。これも満たされると、第5段階は自己実現の欲求、自分の能力や可能性を最大限に発揮し、具現化したいと思う欲求である。マズローの欲求5段階説の重要な点は、低レベルの要求が満たされると次の段階の要求へ移る。次の段階へ移ると、低いレベルの欲求は行動の動機付けの対象とはならないということにある。
　人間社会の河川整備に対する欲求レベルについても同じように5段階説が成り立つ。
　第1レベルは、河川の氾濫原野には住まない。田畑も作らない。無堤の段階で少々の洪水では被害を受けない高台に居住する段階。
　第2レベルは、氾濫原野を田畑として利用し、住居は自然堤防上等の微高地に構える。中小洪水の時には高床式住居、水屋、助命壇や揚げ舟の備えで生活する。それ以上の洪水時には避難する。洪水時には常に避難の準備がなされてい

る。

　第3レベルは、氾濫原野に集落が大きくなって町が形成される段階になると、洪水のたびに避難することが困難となる。河川が氾濫した場合には、人々が所属する地域社会での対応が基本となる。住居は輪中堤等で守るなど、地域社会による堤防の整備と水防活動が中心となる。

　第4レベルは、町がさらに大きくなり都市が形成され、氾濫の発生は人間社会に大きな影響を与え、河川空間は極限近くまで狭められていく。数年に一度の破堤で、その都度、都市活動が麻痺するようでは困ることから、せめて20〜30年に一度くらいまで治水の安全度を上げたい。そのためには市町村レベルの治水整備では間に合わない。県国レベルの広域的な治水整備が求められてくる。非常事態と言えども、避難ということを想定した都市社会活動は、そろそろ限界というより成り立たない状況にきている。

　第5レベルは、都市は高層ビルが林立し、地下は地下鉄、地下街、そして高度情報化のハイテク都市活動を中心とする高度経済集約都市が形成されてくると、10〜20年に一度の災害は許容するということでは、高度な都市活動は成り立たない。洪水災害など考えなくてもよい社会基盤整備が求められてくる段階である。治水の安全度向上の目標は100〜200年以上の確率レベルが要求されてくる。さらに治水整備も二重、三重の安全弁が求められている（**図14-3**）。

　昨今「ダムによらない治水」と言って大変重要な治水の切り札としてのダムを否定して、非常に危険性の高いどこで破堤するか分からない堤防から脱却するためのスーパー堤防も否定され、高床式住宅や避難も想定したソフト・ハードの両面からの総合治水を考えよ、という方針が打ち出されてきた。

　マズローの要求5段階説の重要なポイントは、一度高いレベルへ移行すると、低いレベルの要求はもはや行動の動機付けとならないということにある。河川整備の5段階説でも同じで、水屋や高床式住居、揚げ舟等避難を想定した治水対策から、ようやく脱却した段階に移った時、もう一度低次の要求レベルに戻ることが果たしてできるであろうか。

（その1）

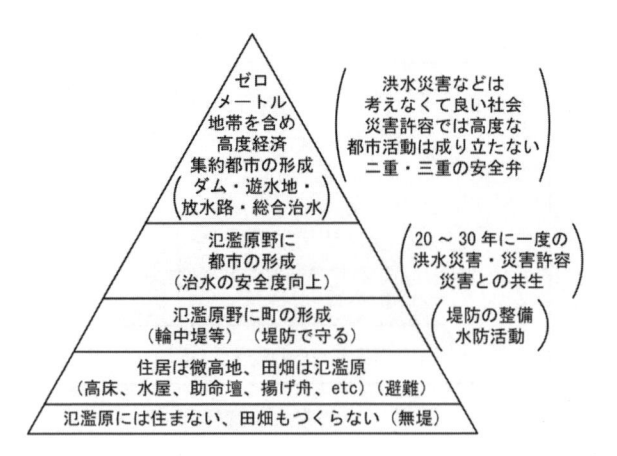

```
           ゼロ
         メートル
         地帯を含め          洪水災害などは
         高度経済          考えなくて良い社会
        集約都市の形成       災害許容では高度な
        ダム・遊水地・       都市活動は成り立たない
       放水路・総合治水       二重・三重の安全弁
       氾濫原野に           20～30年に一度の
        都市の形成          洪水災害・災害許容
      （治水の安全度向上）      災害との共生
     氾濫原野に町の形成       （堤防の整備
    （輪中堤等）（堤防で守る）   水防活動）
    住居は微高地、田畑は氾濫原
  （高床、水屋、助命壇、揚げ舟、etc）（避難）
  氾濫原には住まない、田畑もつくらない（無堤）
```

（その2）

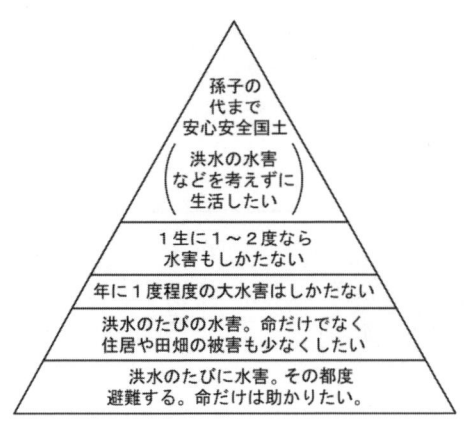

```
           孫子の
           代まで
         安心安全国土
         洪水の水害
        などを考えずに
          生活したい
        1生に1～2度なら
        水害もしかたない
      年に1度程度の大水害はしかたない
      洪水のたびの水害。命だけでなく
       住居や田畑の被害も少なくしたい
        洪水のたびに水害。その都度
        避難する。命だけは助かりたい。
```

図14-3　河川整備5段階論

14.4　求められる風土工学の視座

（1）　水への欲求・5段階説と河川法

　私達の川の水への欲求は、5段階説で説明できる。まず1段階目は、飲み水の確保である。2段階目は、洪水からの安全の確保である。3段階目は、水質の良

いきれいな水の確保である。4段階目は、生態系にとっても豊かな水辺環境である（図14-4）。

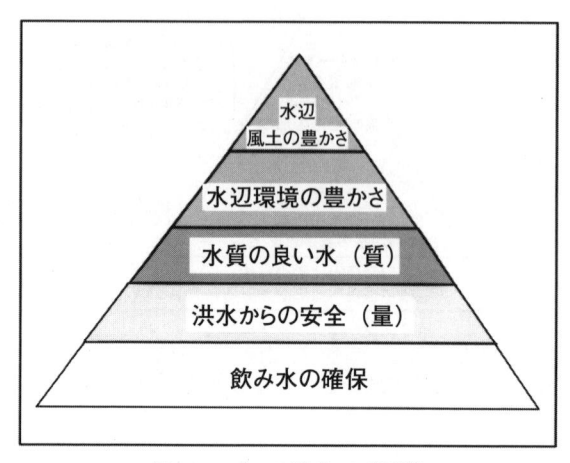

図14-4　水への欲求・5段階説

（ピラミッド上から下へ）
- 水辺風土の豊かさ
- 水辺環境の豊かさ
- 水質の良い水（質）
- 洪水からの安全（量）
- 飲み水の確保

そしてその先は、環境ではなく風土への思いなのである。水辺の風土の豊かさを求めているのである。河川法も、現在まで治水利水に加えて環境も目的に入ってきた。21世紀に望まれる河川は、環境の次、つまり風土を内部目的化することである（図14-5）。

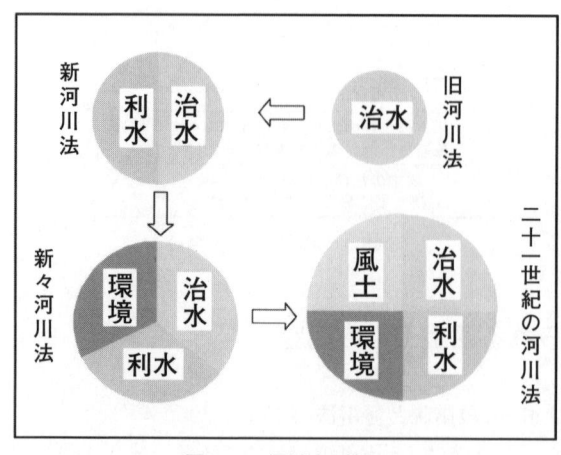

図14-5　河川法の流れ

旧河川法：治水
新河川法：利水・治水
新々河川法：環境・治水・利水
二十一世紀の河川法：風土・環境・治水・利水

（2） 土木工事と手術のアナロジー

　土木工事は環境破壊とよく言われたが、医者による手術と全く同じアナロジーである。盲腸の開腹手術をし、手術後に適切な事後処理をすることにより、健康体が戻ってくる。身体に盲腸は既にないので、同じ身体ではない。自然環境も全く同じである。工事中は土砂を巻き出すが、工事後、適切な処置をすることにより環境破壊をせずに済む。前と全く同じ環境ではないのである（**図 14-6**）。

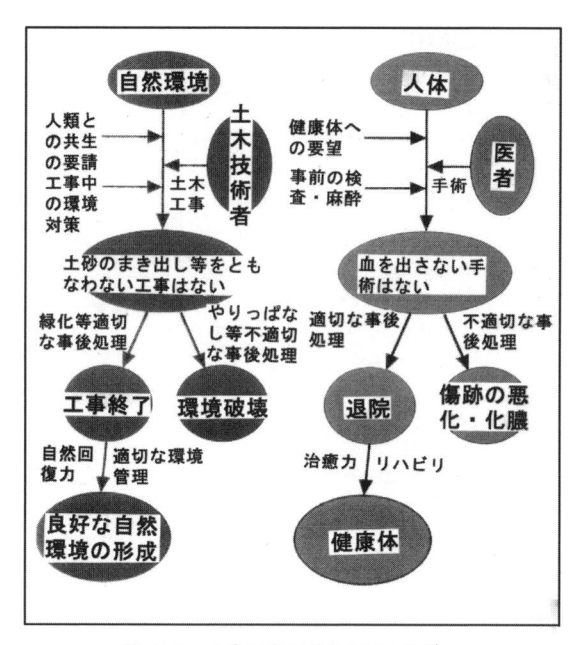

図 14-6　土木工事と手術のアナロジー

（3） 自然環境と風土文化のアナロジー

　全く同じことが、風土文化にも言える。より良い風土文化形成を目指して地域創りをすることが求められている。今後求められている土木事業は、環境への配慮ではなく、その先の風土文化への配慮なのである。すなわちこれからの土木事業には、風土工学の展開が求められているということである（**図 14-7**）。

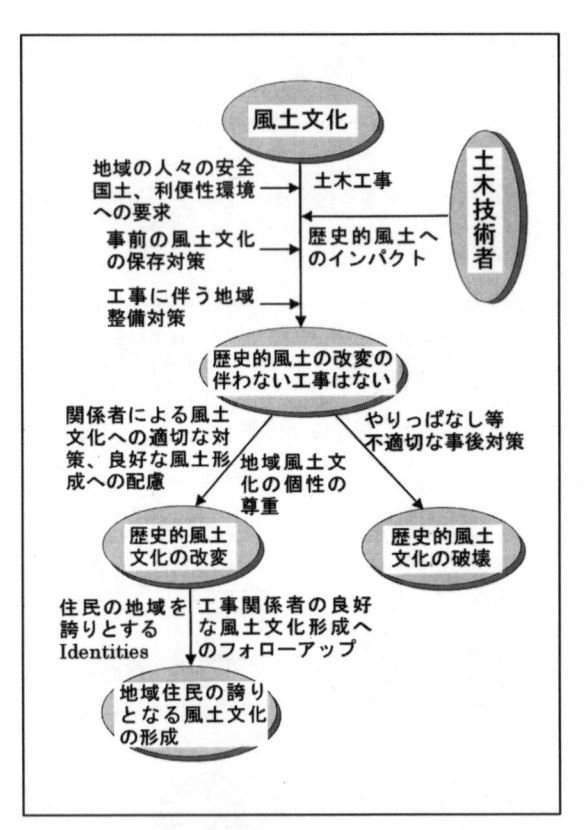

図14-7　自然環境と風土文化のアナロジー

おわりに――現場実務から見た真実

　私は大学を卒業してから30年弱、建設省に奉職し、河川や砂防や道路等の公共事業の現場や研究の実務に従事してきた。10数年前、若年勧奨退職となり、第2の職場も定まらない時、旧知の徳山明先生が全国初の環境防災学部を中核とする大学を創設し、そして、徳山明先生が学長となり先導するという。君もぜひ、創設メンバーに参加してほしいと勧誘を受けた縁で、富士常葉大学に席を置くことになった。授業は、私が構築した風土工学をはじめ、環境計画学、河川学、砂防学等を教えることになった。そんな関係でダムや河川について学生にいろいろ質問することがよくあった。

　学生にダムのことを聞くと、ほぼ全員から異口同音に「ダムはムダ」であると返ってくる。何故かと聞けば、「ダムは洪水調節にも役に立たない。また水需要も既に余っているのでダムはもう必要ない」と返ってくる。また「ダムは環境破壊」であると返ってくる。何故かと聞けば「ダムは土砂で埋まり、河川を分断し、死の川とする」と返ってくる。

　ところで、君はダムを見たことがあるかと聞けば、半数以上の学生は見たことがないという。見たことがあるという学生に見たことのあるダムのことを聞けば、見たダムとはどうも土砂が満杯にたまっている砂防ダムのことのようである。さらに聞くと、「ダムは既に満砂しているので役に立たない、撤去しなければならない」と返ってくる。今問題になっているダムを見たことのある者はせいぜい1～2割である。

　また、ある県の審議会の委員をやっている、世に有識者と称される先生に最近の八ツ場ダムについての話をする機会があった。「50年経っても完成していないことは問題だ」「水は余っている。渇水で水不足というが誰も水で困っていない」「八ツ場ダムは治水で重要だというが、建設省もカスリーン台風では効果がないと言っているではないか」「切れない堤防があるではないか」と、ダム無用論を唱える人の論やマスコミが報じている論調のオウム返しのような回答が返ってくる。マスコミの報道は絶大であると思い知る。マスコミの報道内容で、現場を知らない学生や有識者の意見は決まってしまうと実感する。

本屋に行ってダムの本を調べて見ると、一般読書向けの本が何冊かある。それらは、ダムによる環境破壊を糾弾するダム建設の反対運動に関わる本ばかりである。また、河川に関する本を調べて見ると、一般読書向けのものとしては、河川にまつわる紀行文や河川の環境の本等は見受けられるが、河川の治水に関する一般読者向けの本は、ほとんど見受けられない。これでは、世の中の人に河川管理を取り巻く課題が治水、利水、環境と多岐にわたり、いずれの課題もないがしろにできないことを理解してもらえるわけがない。

　私が現職の時から既にこのような風潮となり、これでは河川管理者としての説明責任が問われる。現在、もっと河川の事をPRしなければならないということになった。もっと河川に親しみをもってもらえるように、河川の資料館等も設置されるようになった。そして河川管理の実態や歴史に関して理解を深めていただけるようなPR誌やパンフレットも分かりやすく工夫されたものが、ぼちぼち見られるようになった。このような地道な広報が、いずれ世の人々の河川に対する理解を深めてくれるに違いないと思った。

　ところが、この世の風潮が激変した。税金で行っている事業はすべて公開しろとなり、税金の無駄使いを徹底的に糾弾するということで、現場の事務所の経費の使途についてオンブズマン等によるチェックが始まった。アンマ機が無駄、タクシーが無駄、二重のトイレットペーパーは贅沢等々、無駄遣いを徹底的に排除しろとなった。その一環として、PR広報関係も真にやむを得ないもの以外はダメとなった。真に止むを得ないものとは、橋を架けるに必要な測量や設計業務等だという。これ以降、河川事業で取り組まれている課題や問題点、解決方策などについて、いよいよ一般市民が知らされる機会が閉ざされてしまった。

　それに輪をかけたのが、政権交替後、政治主導のもと、大臣、副大臣・政務官いわゆる三役で方針を決めたことの主旨に反することを行政に携わる者は一切発言してはならないという、おふれが出されたことである。無駄の排除の面は評価するも、何でも同一視し、真に必要な物までなくしたのではないだろうか。最近の治水事業の進め方を見ているとそう思われて仕方がない。現場の所長は、当該年度における事業に関しての決定事項以外は一切発言禁止となった。これまでダムの必要性を熱っぽく説いていた現場の所長も、自分の担当するダム事業は必要だと言うことも禁止となった。

　このような、政治主導の名の下で、現場実務者からの意見を封じた上で、「ダムによらない治水」に関する有識者会議が発足し中間報告が出され、全国のダム事業の必要性の検証が始まった。

　このように、現場実務に近い者は箝口令で一切事業の効果や事業への思いを語

れない。思想の自由も発言の自由も奪われてしまった。国家百年の計でコツコツと安全度を高めていく以外にない治水事業が大きくゆがめられていけば、いずれ子孫に間違いなく大きな禍根を残すことになるだろう。

　このため、私はダムや河川についての一面的で皮相な議論を克服するためには、河川についての真っ当な技術論を多くの方々に知ってもらうことが絶対に欠かせないと考えた。真っ当な技術論を展開する論客はいくらでもいる。しかし誰も書く者が現れてこない。脳ある鷹は爪を隠すということか。現場実務を離れて10数年経った私のような者がこのようなことで、本書をとりまとめることにした。また、本書は日本全国で、日夜、安全・安心の国土を創るため河川、ダムの現場で頑張っている技術者、行政官、地域住民、水防団、自治体首長等の皆様への私からのエールでもある。

　幸い前書「ダムは本当に不要なのか」については、多くの方々から、よく書いてくれた、ダムのことがよく分かった等々の温かい励ましのお言葉を多くいただいた。前書では、ほとんど触れることができなかったことも多い。さわりしか触れられなかったことも多い。本書では、それらについてさらに突っ込んで書くことにした。

　幸い私が現職の時、共に河川行政について熱っぽく語り合った永末博幸さん、高橋正さん、今井範雄さん、高木多喜雄さん、道場正治さん、益倉克成さん、浅井賢二さん、重田佳伸さん他から特に多くの貴重な情報や、多岐にわたる御意見を寄せていただきました。これらの旧知の仲間からの励ましと協力がなければ、極めて短い期間にとりまとめることはできなかったと考えます。以上8人の方々には深甚の敬意と謝辞を表します。

　その他の多くの方々からも、いろいろな貴重な御指導をいただきました。一人一人すべてのお名前をあげて、謝辞とするべきところでありますが、いろいろご迷惑をおかけすることになってもよくないので、その他多くの方については割愛させていただくことにしました。

索　引

あ
揚げ舟　*100*
アースダム　*68*
安曇川人工河川　*141*
姉川人工河川　*141*
アブラガヤ　*88*
雨乞い　*123*
安全性評価　*67*
安定取水　*116*
安定水利権　*111*

い
ENR　*78*
井澤弥惣兵衛　*69*
石刎　*90*
異常気象　*27*
以水代兵　*47*
伊豆の万燈　*47*
伊勢湾台風　*183*
市川鉄橋　*98*
一括交付金　*169*
一点集中　*82*
糸魚川・静岡構造線　*187*
稲田姫　*35*
稲むらの火　*99*
今川堤　*37*
インド洋大津波　*202*

う
雨水貯留施設　*96*
宇宙人の襲来　*85*
鵜呑み　*142*
上水　*69*

え
H〜A　*23*
H〜Q　*23*

液状化　*60, 61*
越流　*58, 63*
越流すれども切れない堤防　*95*
越流すれども破堤せず　*68*
N値　*66*
LNG、LPG、その他ガス　*173*
エレベーター式魚道　*143, 144*
エロージョン　*58*
沿岸漂砂の連続性遮断　*134*
円弧すべり　*81*
エンジニアリングジャッジメント　*27*
遠州海岸　*135*

お
オイテケ堀　*40*
大木土佐　*91*
大木文書　*91*
大沢崩れ　*187*
大谷崩れ　*187*
大塚切れ　*43, 49, 50*
大塚切洪水碑　*51*
大手町連鎖型都市再生プロジェクト　*168*
大根義男博士　*71*
大曲り　*90*
小河内ダム　*110, 123*
オーバートッピング　*58*
オリンピック渇水　*152*
オールサーチャージ　*86*

か
海岸砂利の採取　*134*
皆生海岸　*135*
外水　*16*
開拓局　*153*
開発指導要領　*96*
替石　*90*
確率洪水　*25*

花崗岩　6
嵩上げ　36
嵩上げ腹付け　36
火山超大国　12
霞堤　21
カスリーン台風　38, 39, 54, 75
河川維持用水　111
河川基準点　23
河川審議会　96
河川治水整備・5段階論　203
河川法　97
河川流出　128
決河　45
渇水調整会議　123
渇水流量　5
活動期　185
加藤清正　89
河道掘削　85
加藤家の三孫　91
ガマ　72
釜房ダム　148
カミソリ堤防　45, 186
烏原ダム　56
殻堤　91
川除口伝書　69
環境用水補給　108
頑丈な堤防も波の上の船の如し　69
環状七号線地下調整池　157
神田川　167
関東地震　185
鉄穴流し　32
間伐　127

き

既往最大渇水　115
危機管理　44
木詰　7
既得水利権　111
逆算粗度係数　24
キャサグランデの浸透理論　71
極値確率　25
巨大地震　185
切れ所沼　39, 42

切れない堤防　3, 19, 78, 190
緊急節電　172

く

轡塘　90
国兼池　148
クラウゼビッツ　84
クリーガー曲線　79
クリティカル・イレブン・ミニッツ　74
クリティカル・サーティ・センチ　75
クリーンエネルギー　174

け

警戒水位　74
計画堆砂量　138
計画高水位　74
経験工学　23, 27, 189
刑法十章　49
下水道法　97
ゲートレスダム　86
ゲリラ作戦　82
原子力　173

こ

コアサンプリング　65, 66
コア部　80
豪雨発生装置　13
豪雨頻度　177
降雨変動幅　177
降雨量　128
黄河断流　130
洪水災害大国　150
高水敷　10
工兵隊　153
枯渇有限資源　175
国産エネルギー　174
湖産アユ　141
コスト・ベネフィット　25
巨勢川遊水池　49
国家百年の計　20, 44, 188
小牧ダム　144
小牧ダムの魚道　145
コンクリートから人へ　86, 156

近藤徹元土木学会長　73
コンピュータゲーム　27

さ

災害弱者　100
災害大国　14
佐久間ダム　136
桜堤　54
砂上の楼閣　73
佐々成政　91
早明浦ダム　103
三悪行　160
暫定水利権　111, 117, 118
三匹の獅子舞　48
三妙行　160

し

事業仕分け　154
地震大国　11
自然堤防　11, 35
下水　69
しばしばね　90
地盤沈下　114, 134
清水海岸　135
充填剤　63
取水禁止　111
取水制限　103
取水制限日数　115
首都圏渇水　152
循環無限資源　175
巡航速度　143
準国産エネルギー　175
上載荷重　62
蒸発量　128
食料自給率　109
信玄堤　21
人工アユ　142
人工河川　140
人工降雨　123
人工降雨実験　123
甚五郎　47
侵食　58, 63
浸食破壊　34

浸水予想地図　99
深成岩　6
深層風化　6
浸透　58, 63
浸透破壊　77
浸透量　128
秦の始皇帝　30

す

水位〜断面積　23
水位〜流量　23
水防活動　17
水防団　154
水防法　97
水利権　109
水利権のデノミ　125
水利権の二次元表記　125
水利権の併列表記　125
水利秩序　110
スーパー堤防　20, 21, 73, 83, 85, 95, 157

せ

静穏期　185
星渓園　41
制限水位方式　158
静水圧　70
整備率　26
清流の三要素　163
清流復活　163, 166
石油　173
背梁山脈　13
ゼロメートル地帯　95
背割り石塘　90
千丈の堤も蟻の一穴　62
先人の知恵　68
剪断抵抗力　72
線の治水　21

そ

総合治水対策　96
総合治水対策特定河川　96
粗度係数　24
祖山堰堤　144

孫子の兵法　84

た
太閤堤　36
堆砂容量　138
堆砂率　139
第三紀層　57
大自然の営力　68
大自然の脅威　187
大宝律令　87
多雨大国　13
多雨文明国　13
高床化　95, 100
竹井澹如　41
縦亀裂　58
ダムによらない治水　1
ダムの撤去　137
ダム総合リニューアル制度　159

ち
地下水汲み上げ過剰　134
地下水流出　128
治水五訓　89, 91
治水安全度　21, 26
治水緑地事業　96
中央防災会議　39
沖積層　35, 57
直接表面流出　128
清渓川（チョンゲチョン）の復元　167

つ
月の輪工法　77, 154
ツチツミ　88
つつみ　87
堤の震い出し　58
堤を切る　45
ツツム　88
TSUNAMI　14
津波大国　14
ツミツミ　88
蔓きり　127

て
低水流量　5
低水路　10
堤防強化　33
堤防定規　67, 89
堤防設計論の想定外　74
堤防の引堤　36
堤防の嵩上げ　85
堤防の嵩上げ禁止令　37
堤防の除草　61
堤防補強　64
デルタ地帯　101
天井川　16, 32, 186
天然アユ　142
天然ガス採取　134
天然創生ダム湖　142
天王ダム　56
点の治水　21
天変地異の世紀　187

と
東海豪雨　183
東海地震　185
土堰堤　68
土堰堤欠壊の三因　79
朱鷺　140
徳庵堤　50
特殊高潮堤　81
都市計画法　97
土砂供給量の減少　134
土地収用法　85
突進速度　143
土堤の原則　55, 87
土堤劣化　61
利根川の東遷　75
共震い　60

な
内水　16
長良川の鵜飼い　142
流れ込み式水力　173
ナショナルセキュリティ　175
なまず三兄弟　186

索引

南海地震　185

に
二重石垣　90
日本三大急流　187
日本三大崩れ　187
日本の森林率　127
日本橋川　167
日本列島砂山論　5
ニューオリンズ　124
仁徳堤　30
仁徳天皇　30, 36

ぬ
布引五本松ダム　56

は
HWL（ハイウォーターレベル）　74
排水機場　95
パイピング　58, 72
ハイブリッド　81
パーカッション方式　65
はがね　80
白砂青松　134
禿山　137
ハザードマップ　99
蜂ノ巣城　110
八田家書院　69
破堤のメカニズム三因　63
破堤の輪廻　34, 55, 92, 93
鼻ぐり井手　90
浜口梧陵　99
ハリケーン・カトリーナ　47, 97, 124, 183
バンザイ堤　8
阪神・淡路大震災　39, 186
氾濫原野　35
氾濫戻し　24
氾濫を許容するまちづくり　95
万里の長城　30

ひ
ヒヤリハット　83
東日本大震災　185, 186
引堤　85
ピーク供給力　173
非常事態宣言　99
ピースミール・アタック　83, 84
備中高松城攻め　47
引張ラジアルゲート　159
樋門・樋管　62
ヒューズ洪水吐　79
琵琶湖開発事業　106
琵琶湖渇水　107

ふ
不安定取水　116
フィルター部　80
不易　186
フォッサマグナ　187
福岡豪雨　183
福島第一原子力発電所　173
ブジェイダムの崩壊　69
不等沈下　62
冬日　182
ブランケット　67
震い沈み　58, 60
震い出し　60
震い抜け　60
フローティング　95
フローティング化　101

へ
平水流量　5
ベース供給力　173

ほ
ボイリング現象　72
防災調節池　96
北条堤　41
豊水流量　5
放水路　21
豊平低渇　5
包絡曲線　79
ボーリング　64

ま

埋没率　139
松尾芭蕉の俳諧の理念　186
松原下筌ダム　110
マニングの粗度係数　27
魔の30cm　74, 75
魔の11分　74
茨田の堤　30, 36
満濃池　148

み

水攻め　47
水備蓄　119
水道（みずみち）　62
水屋　100
未知の世界　73
緑のダム　1, 127, 128
ミドル供給力　173
ミニグランドキャニオン　9, 10

め

目減り　103
面の治水　21

も

茂岩不動尊　48
猛暑日　182
モグラ　62
モグラ叩き　83
モーリス・レビー　70
モルディブ　202

や

八岐大蛇退治伝説　35
八ッ場ダム　117, 189

ゆ

有識者会議　2
遊水地　212
融雪出水　108

よ

良い改革　160

や

揚圧力　70
揚水発電　173
用地補償基準　85
ヨシノボリ　141
予断を持たない検証　3
淀川の三大氾濫　50
余裕高　24

ら

ランキン教授　70
ランニングコスト　174

り

利水安全度　115, 116
流行　186
流量改訂　36, 84

れ

列強の脅威　187
列島大渇水　107

ろ

ロータリー方式　65
ロックゾーン　80

わ

態と切り　46, 47, 49, 51, 54
悪い改革　160

— MEMO —

― MEMO ―

— MEMO —

著者紹介

竹林 征三（たけばやし せいぞう）

1967 年　京都大学 工学部 土木工学科 卒業
1969 年　京都大学大学院 修士課程修了、建設省入省
　　　　琵琶湖工事事務所長、甲府工事事務所長等を経て
1991 年　建設省土木研究所 ダム部長
1994 年　建設省土木研究所 環境部長
1996 年　建設省土木研究所 地質官
1997 年　財団法人土木研究センター 風土工学研究所 所長
2000 年　富士常葉大学 環境防災学部 教授、付属風土工学研究所 所長
2006 年　富士常葉大学大学院 環境防災研究科 教授（兼務）
2010 年　富士常葉大学 名誉教授
工学博士、技術士（建設環境・河川砂防及び海岸）

［主な著書］
『風土工学序説』、『風土工学の視座』、『ダムのはなし』、『続 ダムのはなし』、
『環境防災学』（いずれも技報堂出版）、
『ダムは本当に不要なのか』（ナノオプトニクス・エナジー出版局）、
『東洋の知恵の環境学』（ビジネス社）、
『湖国の「水のみち」』（サンライズ出版）など

［主な受賞］
1993 年 7 月　建設大臣研究業績表彰
1998 年 4 月　科学技術庁長官賞 第 1 回科学技術普及啓発功績者
1998 年 6 月　前田工学賞 第 5 回優秀博士論文賞
2003 年 7 月　国土交通大臣建設功労者表彰　など

ダムと堤防　治水・現場からの検証

2011 年 9 月 10 日　第 1 刷発行

著　者　　竹　林　征　三

発行者　　鹿　島　光　一

発行所　　鹿　島　出　版　会
　　　　　104-0028 東京都中央区八重洲 2 丁目 5 番 14 号
　　　　　Tel. 03(6202)5200　振替 00160-2-180883
　　　　　無断転載を禁じます。
　　　　　落丁・乱丁本はお取替えいたします。

装幀：伊藤滋章　　DTP：エムツークリエイト
印刷・製本：壮光舎印刷
© Seizo Takebayashi, 2011
ISBN 978-4-306-02431-1 C3052　　Printed in Japan

本書の内容に関するご意見・ご感想は下記までお寄せください。
　URL：http://www.kajima-publishing.co.jp
　E-mail：info@kajima-publishing.co.jp